WTB

Medizin

WISSENSCHAFTLICHE TASCHENBÜCHER

ERHARD GEISSLER

AKADEMIE-VERLAG · BERLIN

Bakteriophagen

Objekte der modernen Genetik

WTB

BAND 5

Erhard Geißler

Bakteriophagen – Objekte der modernen Genetik

Mit 39 Abbildungen und 9 Tabellen

AKADEMIE-VERLAG · BERLIN
1962

Reihe MEDIZIN

Herausgegeben von:
Prof. Dr. H. Kraatz, Berlin
Prof. Dr. A. Graffi, Berlin
Prof. Dr. J. Dieckhoff, Berlin

Verantwortlicher Herausgeber dieses Bandes
Prof. Dr. A. Graffi

Verfasser
Dr. E. Geißler, Berlin-Buch
Institut für experimentelle Krebsforschung

Erschienen im Akademie-Verlag GmbH,
Berlin W 8, Leipziger Straße 3–4

Lizenznummer: 202 · 100/417/62
Gesamtherstellung: Druckhaus „Maxim Gorki“, Altenburg
Bestellnummer: 7005 · E S 18 G 1/17 Q · Preis: DM 8,–

Inhaltsverzeichnis

Einführung

Wissenschaftler und Laien lenkten in den letzten Jahren wieder ihre Aufmerksamkeit auf genetische Probleme. Neben dem anhaltenden und im Hinblick auf die starke Zunahme der Weltbevölkerung immer dringlicher werdenden Interesse an der Züchtung neuer Kulturpflanzensorten und Tierrassen tauchen ganz neue Fragen auf, die primär vom Genetiker gelöst werden müssen: Sowohl die friedliche Anwendung der Radioaktivität als auch die Erprobung und Anwendung von Kernwaffen erhöhen immer mehr die Strahlenbelastung durch Anreicherung der Atmosphäre mit radioaktiven Spaltprodukten. Dabei handelt es sich scheinbar um einen nur geringen Anstieg, der — abgesehen von der direkten Einwirkung wie in Nagasaki und Hiroshima — keine irgendwie makroskopisch sichtbaren Veränderungen der Organismen zur Folge hat. Welche Wirkung haben diese Strahlen aber auf das Erbgut des Menschen und der uns umgebenden Lebewesen?

Die zweite vordringliche Frage ergibt sich mit der Meisterung der Probleme des Weltraumfluges. Die von der Sowjetunion und von den USA erfolgreich durchgeführten Versuche mit Erdsatelliten und Raumschiffen haben viele physikalische Daten über die Weltraumstrahlen ergeben. Haben diese Strahlen in den vorliegenden Intensitäten auf den Menschen, der ihnen im Raumschiff und dann auf einem fremden Planeten ausgesetzt ist, eine genetische Wirkung?

Beide Fragen — die wichtigsten von vielen aktuellen — müssen natürlich am Säugerorganismus geprüft werden, also an der Maus, dem uns auch in genetischer Hinsicht am besten bekannten Versuchssäugetier. Tatsächlich haben einige Forschergruppen schon vor Jahren entsprechende Untersuchungen an diesem Tier aufgenommen. Obwohl jeweils einige Hunderttausend Kontroll- und Versuchstiere ausgewertet wurden, reicht das in diesen Untersuchungen bis heute gesammelte Material noch längst nicht aus, um statistisch gesicherte Schlüsse zu ziehen. Zwar erlauben die vorliegenden Befunde schon einige Vergleiche mit an niederen Organismen gewonnenen Erfahrungen — aber eine Lösung der von uns gestellten Fragen können sie uns in absehbarer Zeit kaum liefern.

Selbst das klassische Versuchstier der Genetik, die *Drosophila*, mit dem bis vor wenigen Jahren fast alle wesentlichen Erkenntnisse der Genetik gewonnen werden konnten, hat zwar zur Lösung bestimmter Probleme nicht an Bedeutung verloren, ist aber andererseits auch nicht in der Lage, uns die intimen Kenntnisse von den Vererbungsgeschehnissen und ihren materiellen Grundlagen zu liefern, die letzten Endes die Voraussetzung für die Lösung der wichtigsten gegenwärtigen Genetikprobleme sind.

Deshalb kann die glückliche Hand derer nicht hoch genug eingeschätzt werden, die vor nunmehr fünfzehn Jahren die Grundlagen für eine systematische Bearbeitung der Bakteriophagengenetik legten. Wie in den folgenden Abschnitten einzeln zu erläutern sein wird, hat die Bakteriophagengenetik seitdem eine Bedeutung erlangt, die weit über das Interesse der Phagenforscher oder Virologen herausgeht.

Das ist zugleich ein Grund dafür, warum in dieser Übersicht nur die Genetik der Bakteriophagen behandelt wird und warum dies nicht etwa im Zusammenhang mit anderen Viren oder auch im Rahmen einer Genetik der Mikroorganismen geschieht (wenngleich sich Überschneidungen mit bakteriengenetischen Problemen nicht werden vermeiden lassen).

Ein weiteres wichtiges Argument für die ausschließliche Behandlung der Phagengenetik ist, daß die Phagen — chemisch — wesentlich einfacher aufgebaut sind als viele andere Viren, daß ihr genetisches Verhalten ungleich besser untersucht ist und daß ihre Erbinformationen mit nur wenigen, noch nicht viel näher untersuchten, Ausnahmen in der Desoxyribonukleinsäure (weiterhin als DNS bezeichnet) lokalisiert sind, in der gleichen Substanz also, die auch bei ein- und vielzelligen Organismen die Hauptrolle bei Speicherung, Übertragung und Ausprägung der Erbanlagen zu spielen scheint. Bei diesen aber, selbst bei Bakterien und ähnlichen niederen Organismen, liegen doch ziemlich komplizierte Verhältnisse vor, sei es, daß primäre Ereignisse von anderen überlagert werden oder daß außer der DNS möglicherweise noch andere Strukturen genetische Aufgaben erfüllen.

In diesem Zusammenhang muß noch erwähnt werden, daß die im folgenden darzustellenden Ergebnisse fast ausschließlich in Untersuchungen an „*Coli*-Phagen“ gewonnen wurden, also in Versuchen mit Phagen, die Bakterien der Art *Escherichia coli* befallen. Vor allem aus — noch zu erörternden — methodischen Gründen wurden und werden diese Phagen bevorzugt untersucht, zumal es scheint, als ob sich diese Phagen im wesentlichen ähnlich verhalten wie die, welche andere Bakterienwirte bevorzugen.

Von diesen *Coli*-Phagen sind wiederum die eng miteinander verwandten sog. „geradzahligen“ T-Phagen T2, T4 und T6 besonders eingehend studiert worden; auch hierfür ist später eine Begründung zu geben. In Untersuchungen mit diesen Phagen wurden alle Ergebnisse gewonnen, die im Folgenden dargestellt werden — mit Ausnahme der Befunde, die von Experimenten mit besonders erwähnten anderen Phagentypen stammen.

Die Entwicklung der virulenten Phagen

Oberflächlich betrachtet, vermehrt sich ein Bakteriophage genauso wie ein tierisches oder pflanzliches Virus (Abb. 1): Der Phage gelangt in die Wirtszelle und ist in der Latenzperiode zunächst nicht mehr als infektiöses

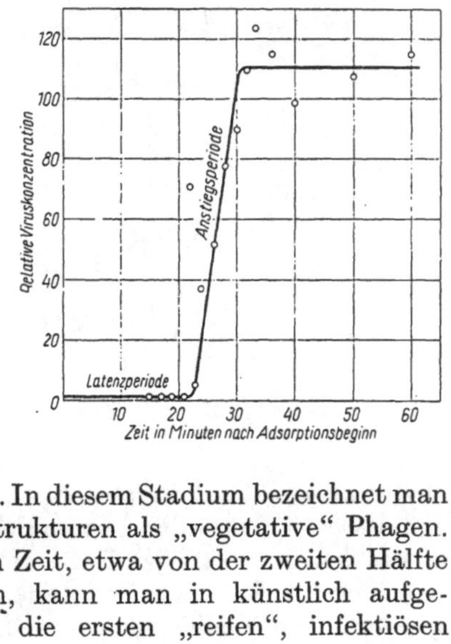

Abb. 1. Vermehrungskurve eines T2-Phagen (HERCIK 1959, nach ADAMS 1950)

Partikel nachzuweisen. In diesem Stadium bezeichnet man die eingedrungenen Strukturen als „vegetative" Phagen.

Nach einer gewissen Zeit, etwa von der zweiten Hälfte der Latenzperiode an, kann man in künstlich aufgebrochenen Bakterien die ersten „reifen", infektiösen Phagenteilchen nachweisen, und etwas später setzen alle infizierten Zellen zu einem für jeden Phagen typischen Zeitpunkt die in der Latenzphase produzierten Phagennachkommen unter Lyse frei.

Allerdings gibt es einen grundlegenden Unterschied zwischen den Viren und den — im angelsächsischen

Schrifttum häufig als „bacterial viruses“ bezeichneten — Phagen: Letztere sind zu einer aktiven Infektion befähigt. Und darauf ist ihre ganze strukturelle Organisation eingestellt: In elektronenmikroskopischen Untersuchungen konnte für fast alle Phagen eine kaulquappenähnliche Struktur mit einem kugelförmigen, zylindrischen oder polyedrischen Kopf (mit einem Durchmesser von 45 bis 80 mμ) und einem mehr oder minder (10 bis 170 mμ) langen Schwanz nachgewiesen werden. Auch jene Phagen, die

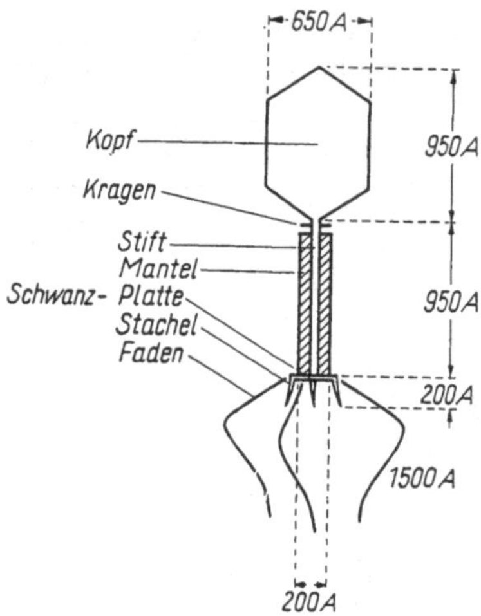

Abb. 2. Schematische Darstellung des Phagen T2 (KELLENBERGER 1962)

zuerst als sphärisch angesehen wurden, besitzen offenbar mindestens einen rudimentären Schwanz[1].

Bei den geradzahligen T-Phagen (Abb. 2) von *E. coli*, den Phagen T2, T4 und T6, ist der Schwanz weiter untergliedert in einen hohlen Schwanzstift und in einen äußeren kontraktilen Schwanzmantel, der durch einen Kragen vom Kopf getrennt sein kann. Am unteren Ende verdickt

[1] Wesentlich kleiner und von grundlegend anderem, an viele tierische Viren (z. B. Polyoma- u. Poliomyelitis-Virus) erinnernden Bau ist der Phage Φ X 174, der sich auch aus anderen Gründen (vgl. S. 18) von allen anderen Phagen vollkommen unterscheidet.

sich der Schwanzstift in eine hexagonale Platte, die sechs Schwanzstacheln und (vier bis) sechs Schwanzfäden trägt. Einen Schwanzmantel besitzen auch die Phagen P1, P2 und P22, während T5 und λ einen dünneren, flexiblen Schwanz ohne — sichtbare — Untergliederung mit einem Schwanzstachel besitzen.

Schon sehr früh lernte man, die geradzahligen T-Phagen mittels eines „osmotischen Schocks“ in ihre beiden wesentlichen Bestandteile zu zerlegen: Suspendiert man die Partikel zunächst in konzentrierter Kochsalzlösung (3 M), der Minuten später destilliertes Wasser im Überschuß zugegeben wird, so verlieren die Phagen ihre Infektiosität, behalten aber ihre Fähigkeit, an Bakterien zu adsorbieren und diese dabei zu töten. Dafür sind die elektronenoptisch sichtbaren leeren Hüllen, die „ghosts“, verantwortlich, die aus Protein bestehen. Dagegen ist die beim intakten Phagen im Kopf lokalisierte DNS[2] — vermutlich durch Risse in der Kopfmembran — nach außen getreten und zeigt sich nun im Elektronenmikroskop in Form von langen, etwa 20 Å dicken Fäden.

Bei diesen Untersuchungen konnte übrigens kürzlich gezeigt werden, daß sowohl die etwa 35 bis 60 Å dicke Kopfmembran als auch der Schwanzmantel aus einzelnen Untereinheiten zusammengesetzt sind. Der Kopf besteht aus „Kapsomeren“ mit einem Molekulargewicht von je 80000, während der Schwanzmantel aus etwa 200 Untereinheiten mit einem Molekulargewicht von je etwa 50000 aufgebaut ist. Diese sind vermutlich spiralig angeordnet, also ähnlich wie die Proteinuntereinheiten des Tabakmosaikvirus! Aber dieser Befund ist eigentlich nicht sehr überraschend, konnte doch in den vergangenen Jahren gezeigt werden, daß zahlreiche pflanzliche und tierische Viren verblüffend ähnlich aufgebaut sind.

---

[2] Kürzlich wurden einige *Coli*-Phagen isoliert, die an Stelle von DNS Ribonukleinsäure besitzen.

Der Infektionsprozeß

Aus elektronenoptischen Untersuchungen wissen wir, daß sich die Phagen beim Adsorptionsprozeß mit ihren Schwanzenden an die Bakterienmembran anlagern. Dazu werden keine willkürlichen Stellen ausgewählt; die Membran enthält zahlreiche Phagenrezeptoren, die für die einzelnen Phagentypen streng spezifisch sind. Bei der Anlagerung spielen zunächst reversible elektrostatische Bindungen eine Rolle. In manchen Fällen sind für das Zustandekommen dieser Bindung besondere Adsorptionskofaktoren notwendig, bei bestimmten T4-Formen z. B. l-Tryptophan. Außerdem dürften die bereits erwähnten Schwanzfäden beim Adsorptionsprozeß von wesentlicher Bedeutung sein.

Unter der Einwirkung bestimmter Substanzen der Bakterienmembran werden nun ein lysozymähnliches Phagenenzym freigesetzt und für den Schwanzmantel die erforderliche Bedingung geschaffen, sich zu kontrahieren. Als Energiequelle stehen ihm dafür etwa 110 Moleküle ATP zur Verfügung. Das Lysozym „öffnet" die Zellmembran unter Freisetzung von Peptiden und anderen Substanzen, die ihrerseits irgendwie die Ausspritzung der Nukleinsäure aus dem Phagenkopf in das Bakterium auslösen. Die mechanische Vorbedingung hierzu ergab sich durch die Kontraktion des Schwanzmantels. Dadurch wird außerdem der Schwanzstift tief in die Membran eingebohrt. Ferner verkürzt sich der Kopf zumindest von T2 bei der Injektion um 15 bis 20 mμ.

Untersuchungen mit ^{35}S- und ^{32}P-markierten Phagen haben eindeutig gezeigt, daß fast nur DNS injiziert wird, und daß dem Protein nur die Funktion zukommt, als Schutzhülle und als „Injektionsspritze" zu dienen: Die leeren Hüllen können z. B. mit einem Mixgerät von der Bakterienoberfläche abgeschoren werden, ohne daß dadurch der Infektionsverlauf irgendwie beeinträchtigt würde.

Allerdings wird nicht ausschließlich Phagen-DNS injiziert: neben zwei Amiden, Putrescin und Spermidin, die vermutlich dazu dienen, die freien Säuregruppen der DNS zu neutralisieren, mindestens noch ein Polypeptid. Über die Funktion dieses „internen Proteins" ist nichts bekannt (vgl. Anm. 7), die Tatsache aber, daß

- es immer mit der DNS zusammen ausgespritzt wird,
- es Typspezifität aufweist (obwohl sich gerade die geradzahligen T-Phagen chemisch und serologisch nur sehr wenig unterscheiden),
- man nicht nur einen großen Teil der DNS, sondern auch 25% des „internen Proteins" in den Phagennachkommen wieder auffindet,

lassen vermuten, daß das interne Protein irgendeine wichtige Rolle spielt. Außerdem konnten in gereinigten Präparaten von T2-DNS noch Aminosäuren nachgewiesen werden, die weder qualitativ noch quantitativ dem Aufbau irgendeines Phagenproteins entsprechen. Auch hier ist noch nicht bekannt, ob sie unspezifisch gebundene Verunreinigungen darstellen oder ein essentieller Bestandteil des DNS-Moleküls sind.

Nachdem sich gezeigt hatte, daß einerseits die DNS die Hauptrolle bei der Phagenvermehrung zu spielen scheint, daß man andererseits mit isolierter DNS Bakterien transformieren[3] kann, und daß schließlich isolierte DNS verschiedener Viren infektiös ist, versuchte man, auch infektiöse Phagen-DNS-Präparate herzustellen.

Mittels osmotischem Schock oder durch Behandlung mit Harnstoff oder Phenol gelang es, Phagenpräparate vor allem vom Typ T2 zu gewinnen, die Indikatorbakterien nicht mehr zu infizieren vermochten. Diese DNS-haltigen Präparate konnten aber mehr oder minder zellwandfreie „Protoplasten" — hergestellt durch Behandlung mit Lysozym, Versene (Äthylendiaminessigsäure) oder

[3] „Transformation": Übertragung bestimmter Gene von einem Bakterienstamm auf den anderen mittels isolierter DNS mit einem Proteingehalt von weniger als 0,02%.

Penicillin — dieser Indikatorbakterien und auch solcher, die normalerweise für T2 nicht sensibel sind, infizieren. Bei diesen „protoplasts infecting agents" handelt es sich aber nicht um reine DNS-Präparate: Sie sind auch gegenüber der Einwirkung von Proteinasen sensibel, z. T. mehr als gegenüber Desoxyribonuklease (weiterhin als DNase bezeichnet). Möglicherweise stellen sie mehr oder weniger membranlose Phagenköpfe dar.

Darüber hinaus gelang es, in (2×10^{10}) osmotisch geschockten *E.-coli*-Protoplasten, denen die 20 Aminosäuren in für *E. coli* typischen Anteilen, RNS-Bausteine, ein Triphosphat lieferndes System sowie ein *E.-coli*-Extrakt zugesetzt worden waren, mit T2-DNS (4×10^{11} Phagenäquivalente) die Produktion von (1 bis 5×10^{9}-Phagenäquivalenten) Phagen-Schwanz-Antigenen zu induzieren. Die wirksame DNS enthielt aber immer noch ^{35}S-markiertes Material.

Kürzlich wurden aber mit Hitze- oder Phenolbehandlung DNS-Präparate aus ΦX 174 und aus λ gewonnen, die Protoplasten und, im ersteren Falle, sogar normale Bakterien „infizieren" können und die offenbar — wenn überhaupt — wesentlich weniger Protein enthalten als die oben erwähnten Präparationen. Im Gegensatz zu diesen sind sie DNase-sensibel und werden durch Proteinasen nicht inaktiviert.

Andererseits kann man die Befunde hinsichtlich Transformation und Phagen-DNS-Wirkung deshalb nicht ohne weiteres vergleichen, weil sich die Transformation bis jetzt nur an sehr wenigen Bakterienarten (*Haemophilus*, *Diplococcus*, *Bac. subtilis*[4] und einigen wenigen anderen) hat durchführen lassen, und weil sich gerade der bevorzugte Phagenwirt *E. coli* in Transformationsversuchen noch nicht bewährt hat. (Vgl. aber S. 118.)

---

[4] DNS des *Bacillus-subtilis*-Phagen SP3 ist für Zellen seines Wirts-Stammes infektiös, wenn sich diese in einem Stadium (der „competence") befinden, das eine erfolgreiche Transformation erlaubt. Ferner wurde während der Drucklegung aus T1 DNS isoliert, mit der *E.-coli*-Protoplasten infiziert werden können.

Struktur und Synthese der DNS

In diesem Zusammenhang sei an einige Charakteristiken der DNS erinnert, die uns im Folgenden ja noch sehr oft begegnen wird. Sie stellt ein Polynukleotid dar, dessen einzelne Bausteine, die (Mono-) Nukleotide, jeweils aus Phosphorsäure, einer Pentose (Desoxyribose)[5]

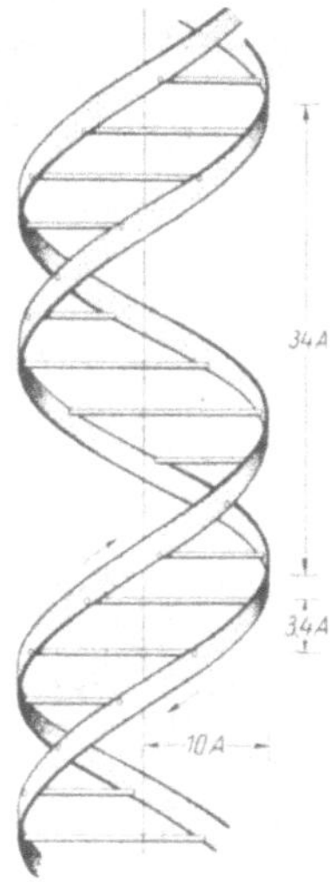

Abb. 3. Schematische Darstellung der DNS-Doppel-Helix (ANFINSEN 1959)

und einer Purin- oder Pyrimidinbase zusammengesetzt sind und durch die Phosphorsäure verknüpft werden. In der DNS sind die Basen Adenin (A) und Guanin (G) sowie Thymin (T) und Cytosin (C)[6] bzw. dessen Derivate 5-Methylcytosin oder 5-Hydroxymethylcytosin (HMC) enthalten. Die letzte Pyrimidinbase ist in unserem Zusammenhang besonders wichtig, da sie in den „geradzahligen" T-Phagen (T2, T4, T6) das Cytosin ersetzt und dadurch

[5], [6] Die Ribonukleinsäure besitzt statt dessen [5]Ribose und [6]Uracil.

erlaubt, die Phagen-DNS unabhängig von der Wirts-DNS nachzuweisen.

Mit an Sicherheit grenzender Wahrscheinlichkeit besteht die DNS aus zwei schraubig umeinandergewundenen

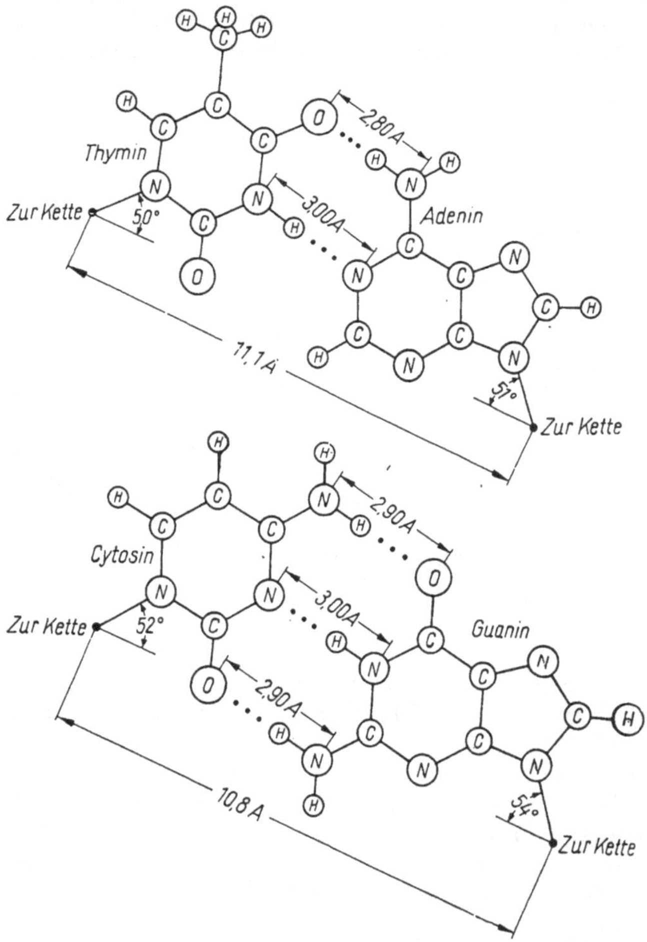

Abb. 4. In der DNS-Duplex vorliegende Basenpaarungen (ANFINSEN 1959)

Polynukleotidketten (Abb. 3), wobei jeweils eine Purinbase (A, G) mit einer bestimmten Pyrimidinbase (T, C) der anderen Kette durch Wasserstoffbrücken verbunden ist. Aus räumlichen und Bindungsgründen kann sich jeweils nur A mit T und nur G mit C paaren (Abb. 4, 5).

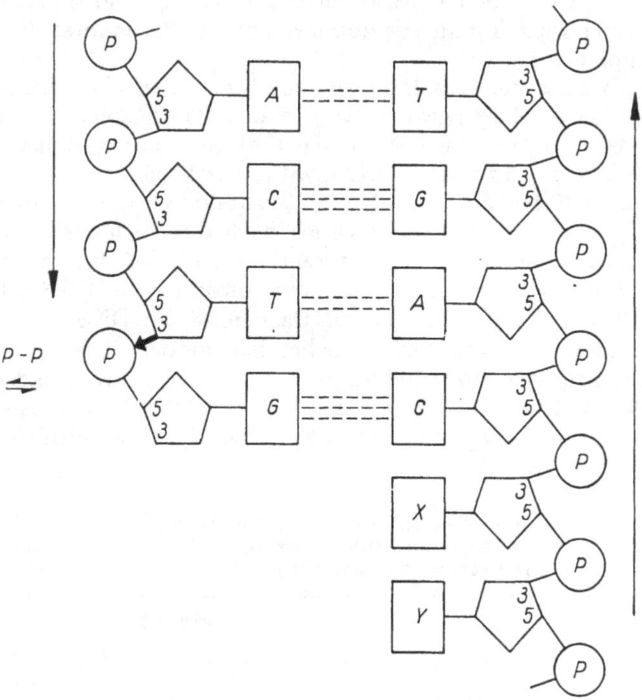

Abb. 5. Gegensätzlicher Verlauf der beiden DNS-Ketten (Kornberg 1960)

Daraus ergibt sich, daß die Verhältnisse der Purin- zu den Pyrimidinbasen, die Verhältnisse von A zu T und von G zu C und auch die von G + T zu A + C immer um den Wert 1 liegen (Tab. 1). Außerdem ergibt sich, daß zwar die Basensequenz der einen Kette völlig willkürlich sein kann, daß aber die Sequenz der zweiten Kette durch die der ersten determiniert wird. Besitzt die eine Kette beispielsweise u. a. die Sequenz -T-A-C-G-C-T-A-, so muß die komplementäre Kette die Basenfolge -A-T-G-C-G -A-T tragen. Dies erlaubt Spekulationen über die identische Reduplikation der DNS: Beide Polynukleotidketten eines Moleküles könnten sich trennen und jede einzelne Kette könnte die komplementären Basen ihrer Bausteine anlagern.

Mittels der aus Bakterien und aus tierischen Zellen isolierten Polymerase, die aus den Triphosphaten der vier Desoxynukleoside nach Vorlage eines geeigneten Musters („Primer") DNS synthetisiert, konnte experimentell bestätigt werden, daß zumindest die in-vitro-Synthese der DNS tatsächlich nach diesem Modell verläuft. Deshalb ist es auch kein Wunder, daß hochgereinigte Polymerasepräparate nur einsträngige DNS als Primer verwenden können. Dazu muß die DNS vorher erhitzt oder mit DNase behandelt werden. Diese Vorbereitungen sind allerdings bei der DNS des Phagen ΦX 174 unnötig, da diese in einem einsträngigen Zustand vorliegt. Das spiegelt sich auch in den Basenverhältnissen wider (Tab. 1).

Tabelle 1. Zusammensetzung der DNS einiger Organismen (Zusammengestellt nach BELOZERSKY u. SPIRIN 1958, CHARGAFF 1959, EVANS jr. 1959, SINSHEIMER 1959)

	Basenanteile in %						
	A	G	C	T	$\frac{Pu}{Py}$	$\frac{G+T}{A+C}$	$\frac{G+C}{A+T}$
Clostridium perfringens	34,1	15,8	15,1	35,0	1,00	1,03	0,45
E. coli	23,9	26,0	26,2	23,9	1,00	1,00	1,09
Streptomyces griseus	13,4	36,1	37,1	13,4	0,98	0,98	2,73
Phage T2	32,5	18,2	16,7*	32,6	1,03	1,03	0,54
Phage Φ X 174	24	25	20	31	0,96	1,27	0,82

* = 5-Hydroxymethyl-Cytosin.

Vegetative Phase

Für den Verlauf der intrazellulären Phagenvermehrung kann man aus den Leistungen der befallenen Wirtszelle sowie aus elektronenmikroskopischen Untersuchungen wichtige Schlüsse ziehen.

Die Synthese von Bakterien-DNS wird sofort nach der Infektion gestoppt. Gleichzeitig beginnt ein Abbau des Bakterienkernes zu randständigen Vakuolen. Parallel dazu wird die Bakterien-DNS mehr oder weniger vollständig abgebaut. Dabei wird eine aktive DNase wirksam, vermutlich durch Entmaskierung eines schon vorher vorhandenen Enzyms.

Gleichzeitig setzt ein rascher Turnover einer kleinen Fraktion der Ribonukleinsäure (weiterhin als RNS bezeichnet) ein: es findet zwar keine Nettosynthese statt, dafür wird aber ein Teil der Bakterien-RNS rasch ab- und wieder aufgebaut. Diese neue RNS, die etwa 3% der Gesamt-RNS ausmacht, läßt sich in mehrfacher Hinsicht von der normalen *E.-coli*-RNS unterscheiden. Besonders auffällig ist ihre veränderte Basenzusammensetzung, die sich mit bestimmten Phagentypen charakteristisch ändert und der DNS des Phagen viel ähnlicher ist als der RNS der Wirtszelle (Tab. 2).

Tabelle 2. Basen-Verhältnisse in normalen und Phagen-infizierten *E.-coli-Zellen* (nach GROS et al 1961)

Normalzellen	A	$\frac{C}{HMC}$	G	$\frac{T}{U}$	seltene Basen	$\frac{Pu}{Py}$	$\frac{A+T(U)}{G+C}$
DNS	24−25	25−26	25−26	24−25	–	0,96−1,04	0,92−1,00
rRNS	25,2	21,6	31,5	21,7	–	1,30	0,88
mRNS	25,1	24,1	27,1	23,7	–	1,09	0,95
sRNS	20,3	28,9	32,1	15,0	3,7	1,12	0,64
T2-infizierte Zellen							
T2-DNS	32	17	18	32	–	0,98	1,83
mRNS	31	17	20	31	–	1,06	1,68

Diese phagenspezifische RNS ist von wesentlicher Bedeutung: Mit Ribonuklease (weiterhin als RNase bezeichnet) sowie mit bestimmten Basenanaloga und an-

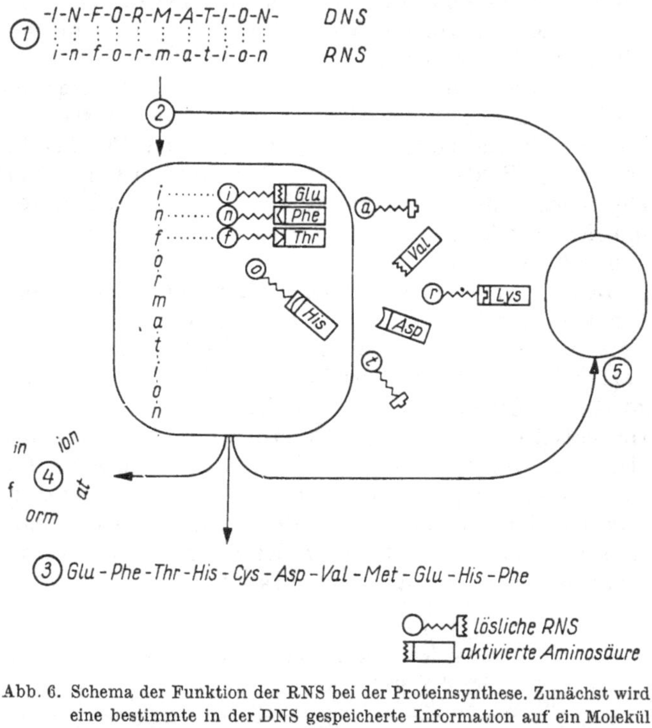

Abb. 6. Schema der Funktion der RNS bei der Proteinsynthese. Zunächst wird eine bestimmte in der DNS gespeicherte Information auf ein Molekül Messenger-RNS übertragen (*1*). Diese wird von einem Ribosom aufgenommen (*2*) und dient dort als Matrize für die Verknüpfung der von je einem Molekül lösliche RNS herangebrachten Aminosäuren zu einem Polypeptid. Dieses wird anschließend freigesetzt (*3*), zusammen mit den Bruchstücken der Messenger-RNS (*4*), während das Ribosom (*5*) von neuem in den Zyklus eintreten kann.

deren Antagonisten der RNS-Synthese kann man die Vermehrung von T2-Phagen hemmen. Auf Grund unserer heutigen Kenntnisse vom Verlauf der Proteinsynthese ist anzunehmen, daß die phagenspezifische RNS für die Synthese der Proteine in der phageninfizierten Zelle benötigt wird (ganz abgesehen davon, daß sie außerdem Baumaterial für die spätere DNS-Synthese liefert).

Die RNS spielt nämlich bei der Proteinsynthese eine ausschlaggebende Rolle: Zunächst wird die einzubauende Aminosäure enzymatisch „aktiviert", d. h. sie reagiert mit ATP unter Freisetzung von Pyrophosphat.

Diese aktivierte Aminosäure reagiert nun ihrerseits mit einem Molekül der niedermolekularen sog. „löslichen RNS". Dabei gibt es für jede der 20 Aminosäuren je ein spezifisches lösliches RNS-Molekül. Dieses überträgt nun die angehängte Aminosäure in die Ribosomen, wo die einzelnen Aminosäuren zu einem spezifischen Polypeptid verknüpft werden. Das geschieht nach einer spezifischen Information, die mittels kurzlebiger „messenger"-(„Botschafter"-) RNS (m-RNS) vom verantwortlichen Gen (DNS-Sequenz) „abgelesen" wird (Abb. 6).

In Versuchen mit markierten RNS-Bausteinen konnte überzeugend nachgewiesen werden, daß es sich bei der phagenspezifischen RNS vermutlich ausschließlich um solche m-RNS handelt, die es auch den schon vor der Infektion vorhandenen Ribosomen (die neben Protein eine „Ribosomen"-RNS mit noch unbekannter Funktion enthalten) erlaubt, Phagenprotein aufzubauen.

Die Proteinsynthese verläuft nach Phageninfektion weiter. Diese Prozesse werden aber weitgehend von den Phagen gesteuert: In ultraviolettbestrahlten Bakterien, in denen die Synthese von (Bakterien-)Proteinen unterdrückt ist, findet nach Phageninfektion trotzdem eine Proteinsynthese statt. Purinbedürftige Bakterienmutanten können in purinfreiem Medium nur dann Protein synthetisieren, wenn sie mit geradzahligen T-Phagen infiziert werden.

Die zuerst, schon wenige Minuten nach der Infektion, gebildeten „frühen Proteine" sind — mit einer unten zu erwähnenden Ausnahme — serologisch nicht mit irgendwelchen Phagenproteinen verwandt; weniger als 10% von ihnen können in den Nachkommenpartikeln nachgewiesen werden. Die ersten phagenspezifischen Proteine treten wesentlich später auf, beispielsweise etwa sieben Minuten nach T2-Infektion. Beide Gruppen von Proteinen unterscheiden sich interessanterweise außerdem dadurch, daß die Synthese der frühen Proteine auch nach Infektion mit UV-inaktivierten Phagen eingeleitet wird, die eine DNS-Synthese nicht mehr zu induzieren vermögen. Die Synthese der phagenspezifischen Proteine (Hüllprotein und Lysozym) kann dagegen nur von aktiven Phagen veranlaßt werden.

Trotzdem sind die frühen Proteine für die Phagenvermehrung unbedingt notwendig: Stoppt man ihre Synthese durch Zugabe von Chloramphenicol oder anderer Proteinsynthesehemmer, so findet keine anschließende DNS-Synthese statt, so daß keine Phagen produziert werden. Dies gilt aber fast ausschließlich nur für die geradzahligen T-Phagen; bei T1, T3, T7 und bei Φ X 174 ist keine frühe Proteinsynthese notwendig. Für die Phagen T5 und λ, deren DNS die gleichen Basen enthält wie die der Wirtszelle — bei T5 wohl aber in wesentlich anderen Verhältnissen —, liegen in dieser Hinsicht noch keine eindeutigen Befunde vor.

Dagegen kann ungehindert DNS produziert werden, wenn man das Chloramphenicol oder einen gleichwertigen Proteinsynthesehemmer erst 8 bis 11 Minuten nach der Infektion zusetzt. Die dabei gebildete DNS ist, wie verschiedene Versuchsanordnungen ergaben, chemisch und biologisch völlig „normal“.

Insgesamt besteht das frühe Protein aus mindestens 15 verschiedenen Proteinen. Ein großer Teil von ihnen stellt Enzyme dar, die für die Synthese der spezifischen Phagen-DNS verwendet werden. Dabei werden sowohl solche Enzyme produziert, die auch in der normalen oder beispielsweise in einer T5-infizierten Zelle gebildet werden, nun aber zu stark erhöhten Werten, als auch solche, die normalerweise nicht nachgewiesen werden können (Abb. 7).

Diese sind erforderlich, weil ja die geradzahligen T-Phagen an Stelle von Cytosin 5-Hydroxymethylcytosin enthalten. Außerdem werden diese Nukleotide von wieder anderen Enzymen zu typspezifischen Prozentsätzen glukolysiert (Tab. 6).

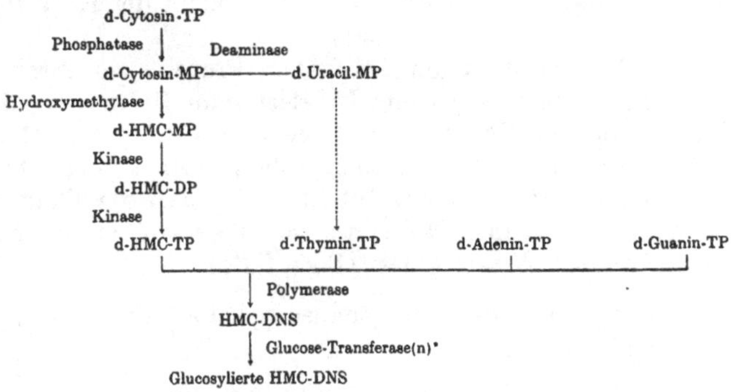

Abb. 7. Spezifische Enzyme, die bei der Synthese von T2-, T4- oder T6-DNS wirksam werden
* T4 und T6 induzieren die Synthese von zwei Glukosetransferasen
Mp, Dp, Tp: Mono-, Di- und Triphosphorsäure;
d = Desoxyribose; HMC = 5-Hydroxymethyl-Cytosin
(LWOFF 1961)

Auch bei den Enzymen, die nach der Phageninfektion anscheinend lediglich stimuliert werden, handelt es sich wenigstens zum Teil (z. B. bei der Desoxyguanylat-Kinase) um die Neusynthese von Proteinen, die sich in verschiedener Hinsicht von den entsprechenden der Normalzelle unterscheiden lassen. Außerdem wird zumindest von den geradzahligen T-Phagen die Synthese einer spezifischen Polymerase induziert, die sich in der Wirkung und serologisch von der Polymerase nichtinfizierter Bakterien unterscheidet.

Etwas anders liegen die Verhältnisse bei den Phagen, deren DNS wie die der Wirtsbakterien kein HMC enthält. Bei T5 werden die entsprechenden Enzyme bis zu vierzigfach erhöht, bezeichnenderweise aber erst etwa zehn Minuten nach der Infektion, also zum Beginn der DNS-Synthese. Vermutlich sind diese oder andere Enzyme auch bei dem bereits erwähnten Abbau des Bakterienkernes nach Infektion beteiligt: In Gegenwart von Chloramphenicol und nach Infektion mit T1, T3 und anderen Phagen (S. 45) bleibt der Kern intakt.

Ein Teil der Fraktion des frühen Proteins sei „Stabilisierungsprotein“ genannt: Infiziert man Bakterien mit ^{32}P-markierten Phagen, friert sie dann zu bestimmten Zeiten ein, um den ^{32}P zerfallen zu lassen, so zeigt sich bei der späteren Prüfung auf Infektiosität, daß die Phagen — oder besser: ihre Nukleinsäure — gegenüber der inaktivierenden Wirkung des ^{32}P-Zerfalles

- sofort nach Infektion genauso sensibel sind wie die freien Phagen,
- Minuten später weniger empfindlich und
- nach etwa zehn Minuten völlig resistent sind.

Diese „Stabilisierung“ kann durch Chloramphenicolzusatz mindestens 40 min lang verhindert werden. Das demnach für die Stabilisierung gegenüber ^{32}P-Zerfall erforderliche Protein scheint aber nicht mit den neuen Enzymen identisch zu sein, deren Bildung durch die geradzahligen Phagen induziert wird, da es auch für die Stabilisierung von T1 erforderlich ist.

Bemerkenswerterweise ist dieses Protein streng typspezifisch: ein superinfizierender Phage, mit dem ein Phagen-Bakterien-Komplex eine gewisse Zeit nach der ersten Infektion infiziert wird, wird nur dann vor dem radioaktiven Zerfall stabilisiert, wenn er die Bildung eines „eigenen“ Proteins einleiten kann.

Weiter oben war gesagt worden, die Komponenten des frühen Proteins seien mit einer Ausnahme keine Phagenproteine. Die Ausnahme stellt das schon beim Infektionsprozeß besprochene „interne Protein“ dar, dessen Produktion im Gegensatz zu allen anderen

Phagenbestandteilen schon 2 bis 3 min nach der Infektion aufgenommen wird. Sein Anteil am frühen Protein beträgt etwa 1%.

Nach etwa sieben Minuten kommt die Neusynthese der frühen Proteine nahezu zum Stillstand, während von die-

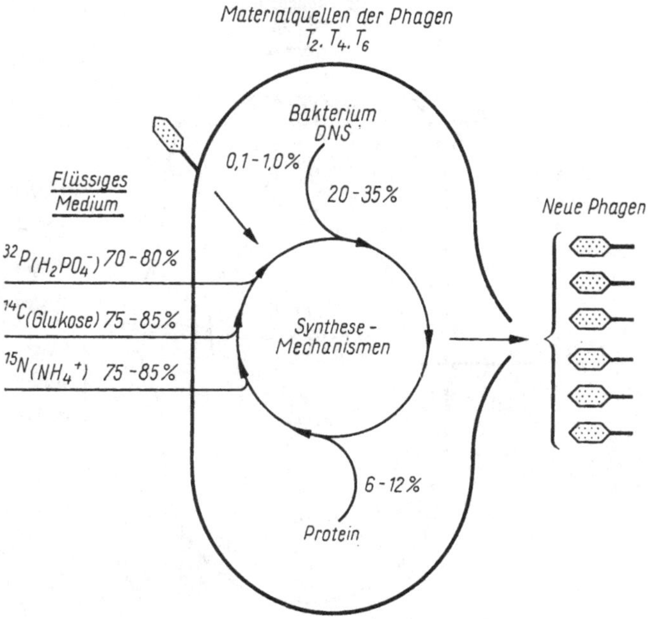

Abb. 8. Herkunft des Materials für die Phagen T2, T4, T6 (HERCIK 1959, nach KOZLOFF 1953)

sem Zeitpunkt an meßbare Mengen 5-HMC-haltiger Phagen-DNS produziert werden, in einer Rate von etwa 7 Phagenäquivalenten pro Minute. Möglicherweise sorgt hier ein Regelmechanismus dafür, daß die phagenspezifische RNS zuerst vorwiegend als Matrize für die Synthese der frühen Proteine dient, dann aber abgebaut und als DNS-Baustein verwendet wird. Bei UV-bestrahlten T2-Phagen ist dieser Regelmechanismus gestört: In Bakterien, die mit UV-inaktivierten Phagen — von denen nur noch 1,5% Nachkommen produzieren — infiziert wurden, nimmt die Aktivität zumindest einiger DNS-Synthese-Enzyme bis zu 50 min weiter zu.

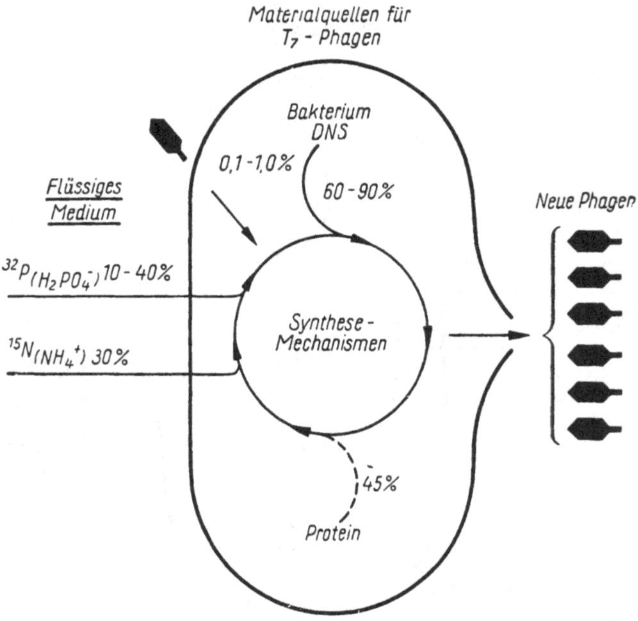

Abb. 9. Herkunft des Materials für den Phagen T7. (HERCIK 1959, nach KOZLOFF 1953)

Isotopenversuche ergaben, daß im Falle einer Infektion mit geradzahligen T-Phagen (wie auch nach Infektion mit T5) die gesamte Wirts-DNS in Bruchstücken, die nicht größer als Nukleoside oder Nukleotide sind, für den Aufbau der Phagen-DNS verwendet wird (Abb. 8 u. 9). Da diese aber (im Gegensatz zu den Verhältnissen bei T7) nicht ausreicht, müssen pro Zelle etwa 60 bis 80% des ^{32}P

aus dem Medium entnommen werden. Hier scheinen aber noch andere Gründe maßgeblich zu sein als der, ob die Wirtszelle selbst genügend Phagen-DNS-Bausteine zur Verfügung stellen kann: *E.coli* K12 enthält doppelt soviel DNS, als für die Vermehrung des Phagen λ benötigt wird — trotzdem stammen etwa $^{2}/_{3}$ des ^{32}P seiner Nachkommen aus dem Nährmedium.

Die neu synthetisierte DNS der geradzahligen Phagen bildet einen Pool, der — zumindest bei T2 — auch elektronenoptisch nachgewiesen werden kann: Er besteht aus einem Knäuel freier 30 bis 50 Å dicker Fibrillen und ähnelt im feinstrukturellen Aufbau und manchmal auch in der Form dem Kern (Nukleoid) normaler, nichtinfizierter Bakterien. Gebildet wird der Pool aus den randständigen Vakuolen, die ihrerseits ja aus dem Kern hervorgegangen waren. In T5- und λ-infizierten Zellen entsteht kein Pool: Die T5-DNS wird ziemlich gleichförmig über das ganze Plasma verteilt, während die λ-DNS im Bereich der Nukleoide konzentriert zu sein scheint.

Die DNS wird dann zu phagenkopfförmigen Partikeln kondensiert, wobei eine noch unbekannte formbildende Substanz („condensing principle") — vermutlich ein Protein — wirksam wird und die Phagen-DNS etwa fünfzehnfach konzentriert.[7]

Diese Partikel werden dann nach etwa 10 min in konstanter Rate wahllos aus dem Pool entnommen, mit einer Membran umhüllt, worauf dann der Schwanzstift gebildet wird, dem die Anlagerung des Schwanzmantels folgt.

Durch „vorreife" (künstliche) Lyse (mit Ultraschall, Cyanid, 5-Methyltryptophan, Chloroform u. a.) kann man nachweisen, daß die ersten reifen Partikel zu einer Zeit zusammengebaut werden, zu der schon etwa 50 Phagenäquivalente DNS vorhanden sind.

Schließlich werden die gebildeten Phagenpartikel unter Lyse des Wirtsbakteriums freigesetzt. Das ist nicht etwa

[7] Möglicherweise könnte das condensing principle dabei mit in den Phagenkopf gelangen und zu einem „inneren Protein" werden (vgl. S. 13).

die Folge einer zu prallen Füllung mit Phagen: Die Phagenausbeute liegt meist um 100 bis 200 pro Bakterium und erreicht selten die Zahl Tausend (Zellen, die mit dem bereits erwähnten RNS-Phagen infiziert wurden, produzieren je etwa 10000 Phagenpartikel). Tierische Zellen können dagegen oft wesentlich größere Virusmengen produzieren und beherbergen, ohne dabei zu platzen. Bei ihnen erstreckt sich die Virusfreisetzung meist über viele Stunden.

Andererseits ist der Stopp der Phagenproduktion keine Begleiterscheinung der Lyse. Nach Ablauf der üblichen Latenzperiode werden auch dann keine Phagen mehr produziert, wenn die Zelle nicht lysiert. Unter normalen Umständen bewirkt erst dieser Abbruch der Stoffwechseltätigkeit der Zelle irgendwie das Wirksamwerden des produzierten Phagenlysozyms — von dem mehr gebildet wird, als zur Ausstattung der fertigen Phagen notwendig ist —, so daß die Zelle schließlich lysiert. Deshalb kann man dadurch eine „vorreife" Lyse provozieren, daß man den Stoffwechsel der infizierten Zelle künstlich unterbricht.

Über den zeitlichen Verlauf aller Reaktionen gibt schließlich das folgende Schema (Abb. 10) zusammenfassend Auskunft.

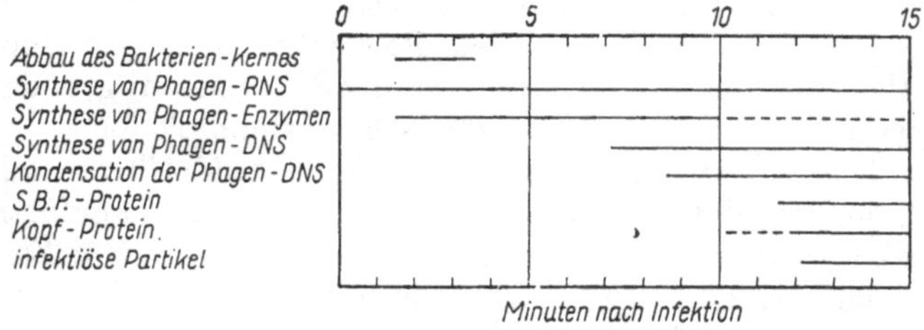

Abb. 10. Reaktionsfolge im Entwicklungszyklus vom Phagen T2 (LWOFF 1961)

Die Entwicklung der temperierten Phagen: Lysogenie

Außer den eben behandelten virulenten Phagen, die in geeigneten Wirtszellen als vegetative Phagen sofort eine lytische Reaktion in Gang setzen, gibt es noch eine zweite wichtige Phagengruppe, deren Vertreter man als gemäßigt oder temperiert bezeichnet: Zwar wird in einem meist großen Teil der von ihnen befallenen Zellen auch sofort eine lytische Reaktion eingeleitet — die anderen aber bleiben am Leben. Plattet man einen gemäßigten Phagentyp mit geeigneten Indikatorzellen aus, so erhält man nicht wie bei den virulenten klare, sondern — in der Regel — trübe Plaques: Die Trübung ist auf das Wachstum von Zellen zurückzuführen, die die Phageninfektion scheinbar unversehrt überstehen.

Solche Zellen zeichnen sich im Gegensatz zu den nichtinfizierten Keimen des gleichen Stammes unter anderem dadurch aus, daß sie nunmehr die Eigenschaft besitzen und auf ihre Nachkommen übertragen, irgendwann einmal zu lysieren und dabei Phagen von dem Typ freizusetzen, von dem die ursprünglich infizierenden waren. Deshalb bezeichnet man solche Bakterien als „lysogen". In der Nomenklatur werden sie dadurch charakterisiert, daß man ihrem Namen in Klammern den Phagentyp anfügt. *E. coli* K12 (λ) bedeutet demnach, daß dieser *E.-coli*-K12-Stamm für den Phagen λ lysogen ist.

Im allgemeinen sind die lysogenen Bakterien von den entsprechenden nichtlysogenen Zellen nicht zu unterscheiden. Wenn man sie künstlich aufbricht, kann man selbst mit den spezifischsten Methoden keine infektiösen Partikel nachweisen. Trotzdem geben diese Zellen an alle Nachkommen die Eigenschaft zur Phagenproduktion weiter, trotzdem kommt in jeder Kultur lysogener Bakterien immer ein bestimmter Prozentsatz freier Phagen vor.

Dies kann nur so gedeutet werden, daß jedes lysogene Bakterium mindestens eine nichtinfektiöse Einheit besitzt, welche die zur Produktion von Phagenpartikeln notwendigen Informationen enthält. Diese Einheit wird als „Prophage“ bezeichnet. Man stellt sich vor, daß die DNS des infizierenden, temperierten Phagen bei der Lysogenisierung nicht in den vegetativen, sondern in den Status eines solchen Prophagen übergeht, der dann kontinuierlich bei jeder Zellteilung auf die Tochterzellen übertragen wird.

Lysogenisierung

Unter Standardbedingungen ist für jedes verwendete Bakterien-Phagen-System charakteristisch, welcher Prozentsatz der infizierten Zellen lysogenisiert wird, und in welchem die infizierte Phagen-DNS in den vegetativen Zustand übergeht. Meistens wird nur ein kleiner Teil der Zellen lysogenisiert. Das kann aber stark von Milieubedingungen abhängen. So erhält man einen größeren Prozentsatz lysogener Zellen, wenn man Bakterien infiziert, die in Mangelbedingungen herangewachsen waren, oder wenn man die Temperatur von 37 °C auf 20 °C senkt, Chloramphenicol, 5-Hydroxyuridin oder Proflavin zusetzt. Wird die entsprechende Behandlung innerhalb von sieben Minuten nach der Infektion vorgenommen, erfolgt in einem großen Teil der Zellen die lysogene Reaktion. Den gleichen Effekt erhält man, wenn man die Zahl der infizierenden Partikel von eins auf zehn erhöht. Zur Deutung dieser Befunde wird angenommen, daß die vegetative Phase (= lytische Reaktion) dann eingeleitet wird, wenn die Phageninformation und die vorliegenden Milieubedingungen sofort die Synthese eines „Schlüsselproteins“ erlauben (Abb. 11). Dagegen erhält man eine lysogene Reaktion, wenn in der phageninfizierten Zelle sofort ein „Repressor“ synthetisiert wird, der die Realisierung mindestens der Phageninformation blockiert, welche die Synthese des Schlüsselproteins kontrolliert.[1]

[1]) Untersuchungen an bakteriellen induzierbaren Enzymsystemen haben ergeben, daß derartige Repressoren bei (zumindest mikro-) biologischen Regelmechanismen eine große Rolle spielen.

Dieser Repressor ist kein Protein, sondern möglicherweise ein Polyribonukleotid. Außerdem konnte gezeigt werden, daß wenigstens der λ-Repressor eine Lebenszeit von nur wenigen Minuten besitzt.

Zur Lysogenisierung sind offenbar mindestens drei verschiedene Schritte notwendig: Wir kennen drei verschiedene Gruppen von Mutanten („c-Mutanten", die

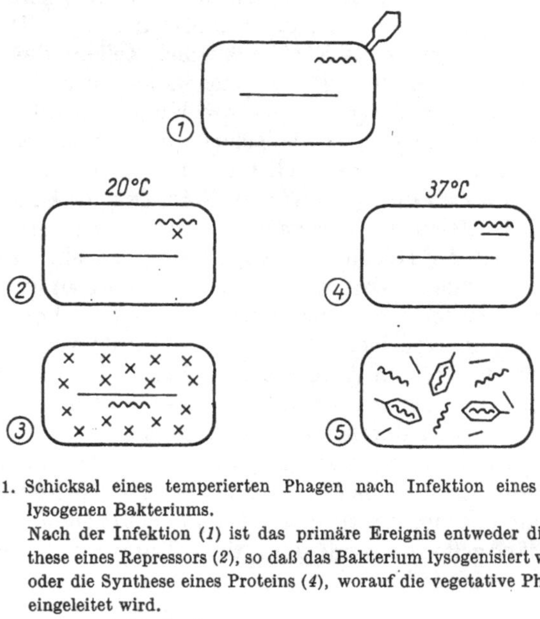

Abb. 11. Schicksal eines temperierten Phagen nach Infektion eines nichtlysogenen Bakteriums.
Nach der Infektion (*1*) ist das primäre Ereignis entweder die Synthese eines Repressors (*2*), so daß das Bakterium lysogenisiert wird (*3*) oder die Synthese eines Proteins (*4*), worauf die vegetative Phase (*5*) eingeleitet wird.
——— Bakterienchromosom
× Repressor
∼∼∼ Phagen-DNS
– – – Phagenprotein
(Lwoff 1961)

klare = clear Plaques im Rasen sensibler Bakterien verursachen) temperierter Phagen, c1, c2, c3, die allein nicht (c1) oder nur in verringertem Maße (c2, c3) lysogenisieren können, die aber in der Lage sind, sich dazu gegenseitig (c1 + c2; c1 + c3; c2 + c3) zu unterstützen. Offenbar hat jede eine andere von drei Informationen verloren, die für die Synthese des Repressors und eventuell andere Reaktionen notwendig sind.

Von Befunden an *E. coli* K12 und dem temperierten Phagen λ wissen wir, daß die Entscheidung, an Stelle der lytischen die lysogene Reaktion einzuleiten, nicht identisch mit dem Übergang der injizierten Phagen-DNS in den Prophagenstatus ist: Unter den Zellen, die nicht lysieren, sind solche, die lysogene Klone hervorbringen; solche, die der Ausgang sind für Klone sensibler, prophagenfreier Zellen; sowie solche, die Mischklone aus sensiblen und lysogenen Zellen entstehen lassen.

Noch bis zu einer Stunde nach Infektion können der Anteil der Zellen, die lysogene Klone entstehen lassen, und der Anteil der lysogenen Bakterien in den Mischklonen dadurch erhöht werden, daß man die Bebrütungstemperatur vermindert oder mit einer großen Zahl homologer Phagen superinfiziert. Daraus muß geschlossen werden, daß die nicht in den vegetativen Zustand übergangene Phagen-DNS zunächst im Plasma liegen bleibt — dabei übrigens schon durch 44 °C inaktiviert werden kann — und bei Zellteilungen zufällig auf die Tochterzellen verteilt wird. Erst nach Ablauf einer Stunde wird das Phagenmaterial zum Prophagen: Es teilt sich harmonisch mit der Wirtszelle und zeigt die gleiche Temperaturempfindlichkeit wie diese.

Voraussetzung für diese Vorgänge ist natürlich, daß eine Infektion mit temperierten Phagen von den Bakterien besser vertragen wird als eine mit virulenten Partikeln. Tatsächlich können UV-inaktivierte temperierte im Gegensatz zu virulenten Phagen Bakterien, an denen sie adsorbieren, nicht töten. Auch wenn nach Infektion mit lebenden temperierten Partikeln eine lytische Reaktion erfolgt, bleibt der Bakterienkern intakt und laufen die bakteriellen Stoffwechselprozesse weiter.

Eine wichtige Erklärung dafür liefert vermutlich der Befund, daß eine λ-Infektion oder die Induktion einer λ-lysogenen Zelle eine höchstens nur zweifache Erhöhung der DNaseaktivität verursacht, während diese in den gleichen Zellen — *E. coli* K12 (λ) — nach Infektion mit T2 um das 4- bis 8fache gesteigert wird. Vermutlich ist dies auch der Grund dafür (S. 27), daß zur Produktion von λ-Nachkommen hauptsächlich DNS-Bausteine aus dem Medium entnommen werden.

Die Phagensynthese ist allerdings der dominierende Vorgang: Unter Mangelbedingungen wird das Wachstum der infizierten Bakterien vermindert, die Phagenproduktion aber nicht beeinträchtigt.

Spontane und induzierte Lyse

In den lysogenen Kulturen ist nun immer ein bestimmter typspezifischer Prozentsatz freier Phagen nachzuweisen. Das ist nicht darauf zurückzuführen, daß die lysogenen Bakterien ständig einige Phagen „ausscheiden". Die freien Phagen stammen vielmehr von gelegentlich spontan — ohne erkennbare Ursache — lysierenden Bakterien. Dies geschieht in jeder lysogenen Population zu einem typspezifischen Prozentsatz — meist bei 10^{-2} bis 10^{-7} der Zellen einer Generation —, wobei jeweils etwa hundert Partikel freigesetzt werden.

In dieser Hinsicht und in allen anderen auswertbaren Beziehungen sind natürlich und künstlich lysogene Zellen (letztere erzeugt durch Infektion sensibler Bakterien mit temperierten Phagen) völlig identisch. Alles, was bisher und im folgenden zum Thema Lysogenie zu sagen ist, bezieht sich deshalb sowohl auf natürlich wie auf künstlich lysogene Bakterien.

Viele lysogene Bakterien lysieren aber nicht nur gelegentlich spontan, sondern können auch durch bestimmte chemische und physikalische Reize mit zum Teil sehr hoher Wahrscheinlichkeit zur Lyse induziert werden.

Dieser Lyse gehen die gleichen Reaktionen voraus wie der spontanen Lyse nach lytischer Infektion. Im allgemeinen besteht dabei eine Beziehung zwischen der spontanen Phagenproduktion und der Induzierbarkeit: Lysogene Bakterien mit nichtinduzierbaren Prophagen lysieren meist auch nur sehr selten spontan.

Aus Tab. 3 geht deutlich hervor, daß ein sehr großer Teil der induktiv wirksamen Noxen zugleich cancerogene oder/und mutagene Aktivität besitzt. Diese Tatsache gab unter anderem zu vielen Spekulationen über den Mechanismus der Cancerogenese Anlaß, zumal seit dem Bekanntwerden von zahlreichen Tumorviren. Da die bekannten krebserregenden Faktoren ein sehr verschiedenartiges, außerordentlich breites Spektrum umfassen, wird diskutiert, daß all diese Noxen ähnlich den induzierenden Reizen Krebsviren induzieren, die analog den Prophagen in einem „Provirus"-Status vorkommen sollten.

Ein wichtiger Schönheitsfehler dieser Theorie, deren Für und Wider hier nicht weiter diskutiert werden soll, ist die Tatsache, daß sich zahlreiche Cancerogene bis jetzt im Induktionsversuch als unwirksam erwiesen haben. Das wiegt im Falle der polyzyklischen Kohlenwasserstoffe Dimethylbenzanthrazen, Benzpyren und Methylcholanthren besonders schwer, da diese Substanzen ja zu den uns als am aktivsten bekannten Cancerogenen gehören[2].

Im einzelnen wurde der Induktionsprozeß vor allem mit ultravioletten und ionisierenden Strahlen untersucht. Nach der Bestrahlung wachsen die Bakterien zunächst eine — ein bis zwei Generationen entsprechende — Zeitlang weiter, ohne sich zu teilen, bis sie dann zunehmend lysieren (Abb. 12). Durch vorreife Lyse läßt sich nachweisen, daß die ersten reifen Partikel zu Beginn des letzten Drittels der Latenzperiode auftreten. Die so gewonnenen Kurven entsprechen völlig denen, die man nach

---

[2] Diese Substanzen erwiesen sich auch in solchen Fällen als unwirksam, in denen sie nachweislich in die untersuchten lysogenen Zellen eindrangen.

Tabelle 3. Cancerogene, mutagene und Induktionswirkung verschiedener chemischer und physikalischer Noxen

(LWOFF 1953, sowie (1) MARCOVITCH 1958, (2) GEISSLER 1961, (3) GOTS, BIRD und MUDD 1955, (4) OTSUJI 1959, (5) HALL-ASHESHOV und ASHESHOV 1956, (6) LEVINE 1961, (7) LOVELESS 1959 und (9) PIETRZYKOWSKA 1960)

Agens	Mutagen	Cancerogen	Induktion der Prophagen von *B. megatherium* *P. pyocyanea*	*E. coli*	
UV-Strahlen	+	+	+	+	
Röntgenstrahlen	+	+	+	+	
γ-Strahlen	+	+	−	+	(1)
Methyl-bis-(β-chloräthyl)amin	+	+	+	+	
Dimethyl-β-chloräthylamin	0	0	0	−	
H_2O_2 in anorganischem Medium	0	−	0	−	
H_2O_2 in organischem Medium	+	−	+	0	
Tertio-butylperoxyd	+	+	+	−	
2,4,6-bis-äthylenimino-1,3,5-Triazin	+	+	+	−	
Butadien-1,3-diepoxyd	+	+	+	−	
Äthylmethansulfonat	+	−	−	0	(7)
Äthylurethan	+	+	0	−	
Pyren	0	0	−	0	
9,10-Dimethyl-1,2-benzanthrazen	(+)	+	0	0	(2)
20-Methylcholanthren	(+)	+	0	−	
3,4-Benzpyren	(+)	+	−	0	(2)
l-Azaserin	+	−	−	+	(3)
Mitomycin C	+	−	−	+	(4)
Malachitgrün	+	+	−	0	(2)
Phagolessin A 58	−	−	+	+	(5)
5-Fluordesoxyuridin	−	−	−	+	(6)
RNase	−	−	+	−	(8)

+ = aktiv, 0 = inaktiv, − = nicht geprüft.

Infektion sensibler Indikatorstämme mit den jeweiligen temperierten Phagen unter Bedingungen erhalten kann, bei denen der überwiegende Teil der infizierten Zellen lytisch reagiert.

Mit Erhöhung der Strahlendosis kann man den Anteil der induzierten Bakterien zunächst vergrößern, maximal bis über 95% (Abb. 13). Mit weiter zunehmender Strahlendosis nimmt diese Fraktion ab, da immer mehr Zellen die Fähigkeit zur Vermehrung der Phagen verlieren.

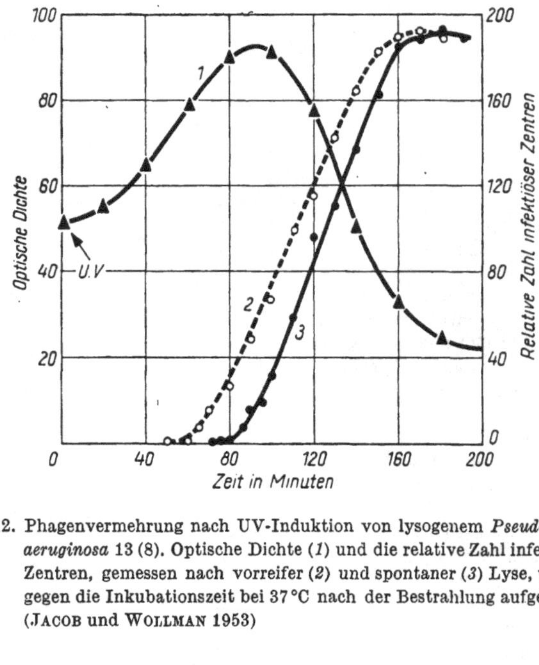

Abb. 12. Phagenvermehrung nach UV-Induktion von lysogenem *Pseudomonas aeruginosa* 13 (8). Optische Dichte (*1*) und die relative Zahl infektiöser Zentren, gemessen nach vorreifer (*2*) und spontaner (*3*) Lyse, werden gegen die Inkubationszeit bei 37 °C nach der Bestrahlung aufgetragen (JACOB und WOLLMAN 1953)

Der Anteil der induzierbaren Bakterien ist ferner vom entsprechenden Prophagentyp sowie von solchen Bedingungen abhängig, die auch die Strahlenwirkung auf andere biologische Systeme modifizieren können.

Über den Mechanismus der Induktion besteht noch keine völlige Klarheit. Sicher wird der Prophage selbst nicht unmittelbar beeinflußt. Viele Befunde sprechen dafür, daß die induzierenden Reize die Neusynthese labiler Repressoren mit kurzer Halbwertszeit verhindern. Dadurch kämen die Prophagen in die Lage, ihre Informationen zur Synthese eines „Schlüsselproteins" realisieren zu lassen (vgl. S. 30). Tatsächlich kann man mit Chloramphenicol die Induktionswirkung von UV und von Mitomycin C aufheben.

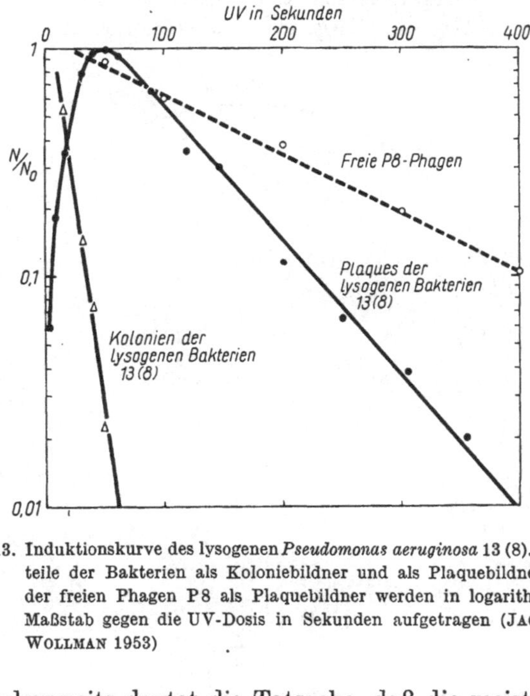

Abb. 13. Induktionskurve des lysogenen *Pseudomonas aeruginosa* 13 (8). Die Anteile der Bakterien als Koloniebildner und als Plaquebildner sowie der freien Phagen P8 als Plaquebildner werden in logarithmischen Maßstab gegen die UV-Dosis in Sekunden aufgetragen (Jacob und Wollman 1953)

Andererseits deutet die Tatsache, daß die meisten induzierenden Agenzien die Nukleinsäuresynthese beeinflussen oder direkt an Nukleinsäuren angreifen, wieder darauf hin, daß der Repressor eine Polynukleotid oder eine Nukleinsäureverbindung sein könnte. In diesem Zusammenhang ist auch der Befund interessant, daß man lysogene Keime der Thyminmangelmutante *E. coli* B-3 durch Thyminmangel zur Induktion des Prophagen P1b induzieren kann.

Lokalisierung der Prophagen

Bekanntlich kann man auch Bakterien miteinander kreuzen und dadurch Aufschlüsse über Lage und Funktion der einzelnen Gene erhalten. Den Sexualprozessen der höher organisierten Lebewesen ist dabei die sog. „bakterielle Konjugation" am ähnlichsten, die ge-

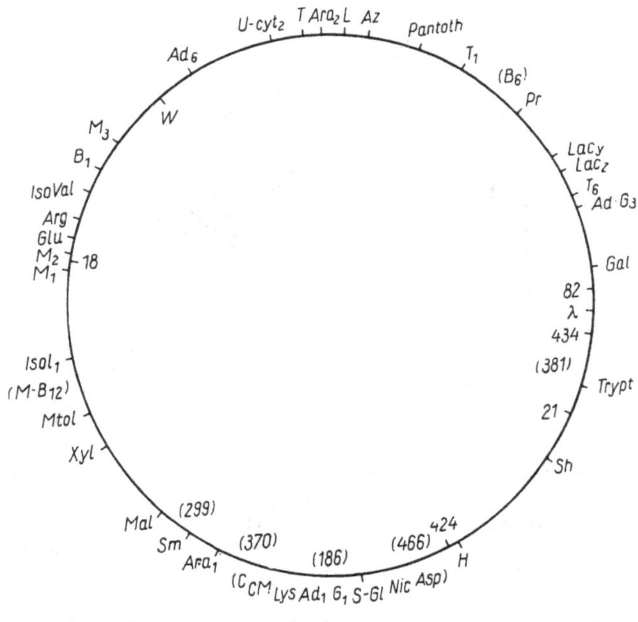

Abb. 14. Schematische Darstellung des Chromosoms von *E. coli* K12 (JACOB 1960)

richtete Übertragung eines zytoplasmatischen Fertilitätsfaktors F oder chromosomalen Materials von einer Spenderzelle (F^+ oder Hfr) in einen Empfänger (F^-). Im letzeren Falle entsteht eine partielle Zygote, die neben dem eigenen genetischen Material noch ein verschieden großes Stück des Spenderchromosoms besitzt.

Zwischen beiden können Rekombinationen stattfinden, und aus deren Häufigkeit kann man entsprechend dem klassischen Verfahren eine Chromosomenkarte entwickeln, wobei die Austauschhäufigkeiten der einzelnen Marker in Abständen ausgedrückt werden. Unabhängig davon erhält man mit anderen Methoden eine entsprechende Chromosomenkarte und kann so unter anderem nachweisen, daß alle bekannten genetischen Charaktere von *E. coli* auf einer einzigen Kopplungsgruppe (also einem Chromosom) angeordnet sind (Abb. 14).

A	90	80	70		15	10	3	1
B	65	55	45		30	18	12	10
C		26				31	33	

Abb. 15. Gen-Karte eines Chromosomensegmentes von *E. coli* K 12 Hfr H, auf dem 7 induzierbare Prophagen lokalisiert sind.
Die Lokalisierung der Prophagen 82, λ, 434, 381, 21, 424 und 466 erfolgt durch Auftragen
A: des Prozentsatzes von $Gal^+ly^-S^r$-Rekombinanten aus einer Kreuzung Hfr $Gal^+ly^-S^s \times F^-Gal^-ly^+S^r$,
B: des Prozentsatzes von Hfr-Zellen, deren Paarung bei der Kreuzung Hfr $ly^+S^s \times F^-ly^-S^r$ zur zygotischen Induktion führt,
C: der Zeit, zu welcher der Prophage in die F^--Zelle eindringt, wenn die Eltern zur Zeit 0 vermischt wurden (Jacob und Wollman 1957)

Dieses System erlaubte auch eine Klärung zahlreicher Probleme der Lysogenie. Kreuzt man lysogene (ly^+) Empfängerzellen mit nichtlysogenen (ly^-) Spendern (Hfr), so wird der ly^--Charakter wie die anderen Gene übertragen und spaltet wie diese unter den Nachkommen der Rekombinanten auf. Prinzipiell das gleiche Resultat erhält man, wenn man zwei lysogene Zellen paart, die Prophagen mit verschiedenen Mutanten beherbergen. Daraus kann man schließen, daß der λ-Prophage auf dem Bakterienchromosom eine bestimmte Position — in der Nähe des Gal-Markers (Abb. 14 oder 15) — einnimmt und sich wie ein Bakteriengen verhält.

Mit dieser Methode konnte die Lage von vierzehn verschiedenen Prophagen ermittelt werden. Sieben von ihnen — sämtlich mit UV induzierbare — sind an einer jeweils spezifischen Stelle lokalisiert (Abb. 15), die ein Fünftel bis ein Viertel der ganzen Kopplungsgruppe einnimmt (Abb. 14). Von den sieben anderen, die nicht induziert werden können, liegen sechs ziemlich verstreut in anderen Bezirken etwa des halben Chromosoms (Abb. 14). Für den nichtinduzierbaren Prophagen 363 konnte bis jetzt noch keine Lokalisation im Chromosom nachgewiesen werden.

Kreuzt man schließlich eine nichtlysogene Empfängerzelle mit einem lysogenen Hfr, dessen Prophage induzierbar ist, so geht der Prophage in der Zygote in den vegetativen Status über und verursacht deren Lyse. Diese zygotische Induktion — die auf die induzierbaren und semiinduzierbaren (vgl. S. 52) Prophagen beschränkt ist — beruht vermutlich darauf, daß die Empfängerzelle keinen Repressor enthält, so daß die Synthese des Schlüsselproteins eingeleitet werden kann. Aus der Spenderzelle kann kein Repressor in den Empfänger übertreten, da nichtgenetisches Material — wie Enzyme, vegetative Phagen, Stoffwechselprodukte — nicht in meßbaren Mengen bei der Konjugation übertragen wird. Interessanterweise kann Chloramphenicol bei einem großen Teil der Zygoten die zygotische Induktion verhindern.

Nun zur zweiten Frage: wie ist der Prophage an das Bakterienchromosom gebunden? Sehr unwahrscheinlich ist die Möglichkeit, daß er direkt in das Bakteriengenom eingebaut wird. Würde er zwischen zwei Gene a und b eingeschaltet, so müßte sich deren (im Rekombinationsversuch zu ermittelnder) Abstand vergrößern. Das ist aber nicht der Fall.

Die Tatsache, daß beim Phagen λ sowohl die Fähigkeit zu lysogenisieren (defekt bei den c-Mutanten, vgl. S. 31) als auch die Spezifität der Immunität und der Lokalisierung des Prophagen durch die kleine c-Region ausgelöst werden, die etwa in der Mitte des Phagenchromosoms liegt (vgl. Abb. 21), läßt vermuten, daß der Prophage irgendwie mit dieser Region an das Chromosom „angehängt" wird (Abb. 16).

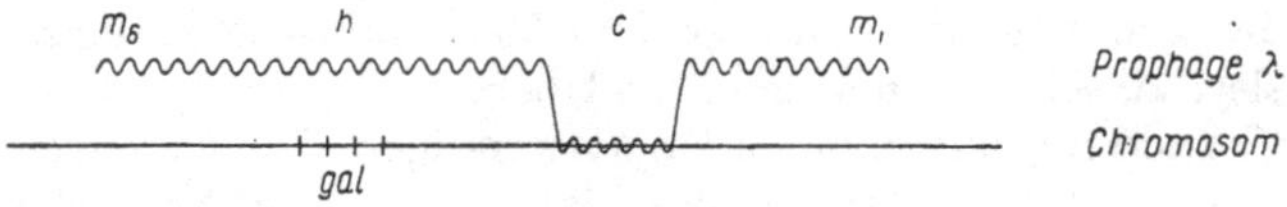

Abb. 16. Schematische Darstellung der Lagebeziehungen von λ-Prophage und Bakterienchromosom (JACOB und WOLLMAN 1959)

Auch Ergebnisse mit dem nichtinduzierbaren Prophagen 18 sprechen dafür, daß dessen Genom dem Bakterienchromosom nur anliegt: In Konjugationsversuchen wurde mit zwei verschiedenen Spenderstämmen gearbeitet, die einige, mit dem Prophagen 18 eng gekoppelte, Gene in verschiedener Reihenfolge und Richtung in die Empfängerzelle injizieren. Gelangen die Gene in der Reihenfolge Isoleucin — Methionin$_1$ — Methionin$_2$ — Arginin$_1$ in den Empfänger, so erscheint der lysogene

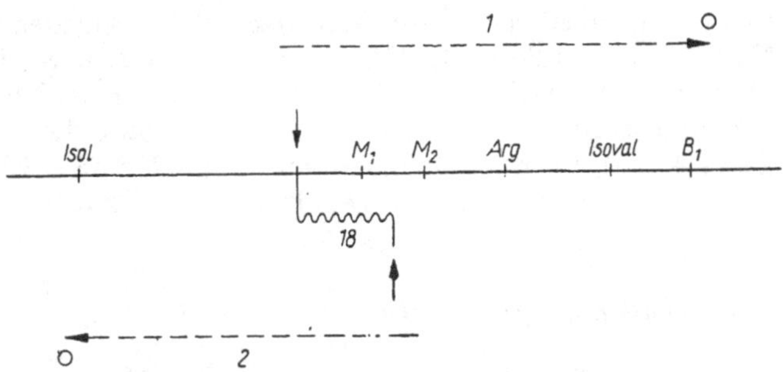

Abb. 17. Lokalisierung des Prophagen 18 in *E.-coli*-K 12-Chromosom. Die Pfeile stellen die Lage des Prophagen dar, wie sie aus den Kreuzungen zwischen zwei lysogenen Hfr-Stämmen (*1* und *2*) mit einer nichtlysogenen F$^-$-Zelle abgeleitet wird.
——— Bakterienchromosom;
∿∿∿ Prophage 18;
- - -→ Reihenfolge der Bakteriencharaktere, die von den beiden Hfr-Stämmen mit 0 anfangend in die Empfängerzelle injiziert werden (JACOB und WOLLMAN 1959)

Charakter zwischen den beiden Methionin-Markern (Abb. 17). Wird dagegen die Reihenfolge $Arginin_1$ — $Methionin_2$ — $Methionin_1$ — Isoleucin injiziert, so scheint der Prophage dicht hinter dem $Methionin_1$-Locus lokalisiert zu sein. Da man nun die Übertragung des lysogenen Charakters und damit aller notwendigen Prophagengene auswertet, ist anzunehmen, daß mit diesen Versuchen beide Endpunkte des Prophagenchromosoms erfaßt werden.

Da in keinem der beiden Fälle der $Methionin_1$-Marker durch die Existenz des Prophagen beeinträchtigt wird, muß natürlich geschlossen werden, daß das Genom des Prophagen 18 zumindest in der $Methionin_1$-Region dem Bakterienchromosom nur angelagert ist.

Auf die Frage nach der Natur des Prophagen ergaben Untersuchungen über seine Empfindlichkeit gegenüber ultravioletten Strahlen und dem Zerfall von ^{32}P, daß er vermutlich aus dem ganzen DNS-Äquivalent der freien Partikel besteht. Interessanterweise scheint dies der DNS der Wirtszelle weitgehend ähnlich zu sein: In Untersuchungen über die Häufigkeit der 16 verschiedenen Nachbarnukleotide (AG, AC, AT, GC, GT, GA usw.) in DNS-Proben verschiedener Herkunft ergab sich, daß die „Dinukleotidfrequenzen" von *E. coli* und λ sowie die von T2, T4 und T6 untereinander sehr ähnlich sind, nicht aber die von *E. coli* und den geradzahligen T-Phagen.

Eigenschaften lysogener Bakterien

Neben der Fähigkeit, spontan oder (unter Umständen) nach Induktion Phagen produzieren zu können, haben die lysogenen Bakterien als wichtigstes Charakteristikum eine Immunität gegenüber solchen Phagen erworben, die dem Prophagen homolog sind. Solche Phagen werden zwar an eine lysogene Zelle adsorbiert (im Gegensatz zu Mutanten, deren Resistenz auf Unfähigkeit zur Phagenadsorption beruht, wodurch beispielsweise T2 nicht an

B/2 adsorbiert werden kann) und injizieren sogar ihre DNS; diese bleibt aber in der Mehrzahl der Fälle inert, vermag weder, entsprechende Prozesse auszulösen noch sich zu vermehren, und wird bei jeder Teilung an nur eine Tochterzelle weitergegeben (Abb. 18, 1 bis 3).

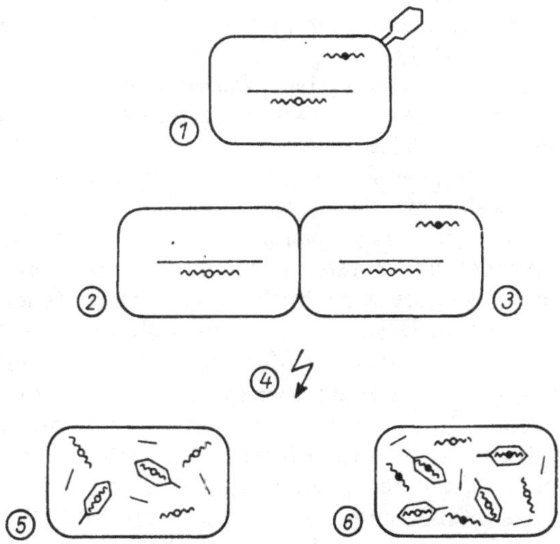

Abb. 18. Vermehrung von Prophagen und superinfizierendem Phagen nach Induktion.

Nach Infektion eines lysogenen Bakteriums mit einem homologen Phagen (*1*) bleibt die superinjizierte DNS inert und teilt sich nicht wie der Prophage mit dem Bakteriengenom (*2*, *3*). Werden beide Zelltypen induziert (*4*), so tritt nicht nur der Prophage (*5*, *6*), sondern auch der superinfizierende Phage in die vegetative Phase ein.

∼∼o∼∼ Prophage oder entsprechend autonome DNS

∼∼•∼∼ DNS des homologen superinfizierenden Phagen

(LWOFF 1961, verändert)

Diese Immunität ist auf die Gegenwart des Repressors in den lysogenen Zellen zurückzuführen, der nicht nur die Einleitung der vegetativen Phase des Prophagen, sondern auch der homologen Phagen blockiert: Tritt der Prophage — spontan oder nach Induktion — in sein vegetatives

Stadium ein, so verschwindet die Immunität, und der superinfizierende Phage beginnt, sich zusammen mit dem ursprünglichen Prophagen zu vermehren (Abb. 18, 4,6).

Tatsächlich ist die DNS eines superinfizierenden λ in einer K12-(λ)-Zelle eine Stunde lang dem ^{32}P-Zerfall gegenüber sensibel, während nach Infektion einer nichtlysogenen Zelle schon innerhalb von 15 bis 20 min völlige Resistenz (Stabilisierung, vgl. S. 24) eintritt. Insofern ähnelt die Immunität dem Zustand phageninfizierter sensibler Bakterien, bei denen die Synthese des frühen Proteins blockiert ist.

Der Wirkung des Repressors unterliegen auch die oben (S. 31) erwähnten c-Mutanten, die allein nicht befähigt sind, Zellen zu lysogenisieren. Darüber hinaus gibt es noch „virulente" Mutanten, die nicht nur nicht lysogenisieren, sondern sich auch in lysogenen Zellen vermehren können. Diese sind also unempfindlich gegenüber dem Repressor. Sind solche Mutanten mit dem Prophagen der lysogenen Wirtszelle verwandt, so geht er in die vegetative Phase über: Der superinfizierende virulente Phage liefert die bis dahin unterdrückte Information (vermutlich zur Synthese des „Schlüsselproteins").

Die Lysogenisierung einer bereits lysogenen Zelle durch einen superinfizierenden homologen Phagen ist ein ausgesprochen seltenes Ereignis. Dies ist wohl darauf zurückzuführen, daß pro Chromosom meist nur ein typspezifischer Locus vorhanden ist, der von einem Prophagen besetzt werden kann. Deshalb besitzt jede lysogene Zelle entsprechend der Zahl ihrer „Kerne" meist mehrere homologe Prophagen, und in Versuchen, die Plaquebildungsfähigkeit zu inaktivieren, ergeben sich entsprechende Mehrtrefferkurven.

Gelegentlich wird der ursprüngliche Prophage durch den superinfizierenden ersetzt, und in noch selteneren Fällen kann sich die superinfizierte homologe DNS als zweiter Prophage etablieren. Dagegen bereitet es keine Schwierigkeiten, lysogene Bakterien durch einen zweiten, mit dem Prophagen nicht verwandten, temperierten

Phagen zu lysogenisieren. Das ist unter natürlichen Verhältnissen sogar ziemlich verbreitet.

Im allgemeinen hat der Prophage keinen Einfluß auf die Vermehrung nicht miteinander verwandter virulenter oder temperierter Phagen: *E. coli* K12 (λ) und sein sensibles Derivat K12 vermehren beispielsweise T1 oder T2 mit der gleichen Rate. Aber auch hier gibt es Ausnahmen: Bei *Salmonella typhi* kann der Prophage gelegentlich mit der Vermehrung bestimmter Phagen interferieren, und bei *E. coli* K12 verhindert der λ-Prophage die Vermehrung der rII-Mutanten von T2, T4 und T6 — ein Befund, der sich für die Phagengenetik als außerordentlich bedeutsam erwiesen hat. Zumindest in einigen Fällen scheint dafür der Prophage nicht allein verantwortlich zu sein: *Shigella-dysenteriae*-(P2-) und *E. coli*-B-(P2-)Zellen verhalten sich trotz gleicher Prophagen im Hinblick auf die Vermehrung verschiedener Phagen unterschiedlich.

Derartige Erscheinungen leiten über zu der sogenannten Konversion, der phänotypischen Veränderung von Wirtszellen durch temperierte Phagen, die später im Zusammenhang mit der Übertragung von Erbinformationen der Bakterien durch Phagen besprochen wird (S. 122).

Abschließend muß darauf hingewiesen werden, daß sich nicht alle Phagen gleich gut in eine dieser beiden Gruppen einordnen lassen. So sind einige virulente Phagen in ihrem Verhalten temperierten Phagen sehr viel ähnlicher als den virulenten geradzahligen T-Phagen. Nach solchen Verhaltensweisen kann man zwei Gruppen, A und B, aufstellen, die sich im wesentlichen in folgender Hinsicht unterscheiden (Tab. 4):

- Im Anschluß an eine Infektion mit A-Phagen wird der Bakterienkern zerstört, während er nach einer B-Infektion erhalten bleibt. Da es sich bei den A-Phagen um „totalen Parasitismus im genetischen Bereich“ handelt, müssen offenbar erst alle Bakterieninformationen ausgeschaltet werden, ehe alle Syntheseprozesse vom Phagengenom gesteuert werden können.

Tabelle 4. Charakteristika, die mit der Infektion durch Phagen verschiedener

Klasse		Zellkern	Partielle Ausschließung	Lysogenie	UV-Sensibilität
A	T2, T4, T6 T5	zerstört	möglich	nie	hoch
B	λ, P22 p8 (T1, T3)	intakt	nicht möglich	manchmal	niedrig

- Wird eine A-infizierte Zelle mit einem verwandten Phagen superinfiziert, so wird dieser oft nicht vermehrt („partielle Ausschließung").
- Nach Infektion mit A-Phagen wird niemals eine lysogene Reaktion eingeleitet, während B-Phagen manchmal lysogenisieren.
- A-Phagen sind wesentlich empfindlicher gegenüber einer UV-Inaktivierung als B-Phagen. Dagegen sind beide Gruppen (auf gleichen DNS-Gehalt bezogen) gegenüber Röntgenstrahlen. und ^{32}P-Zerfall gleich sensibel.
- UV- oder röntgenbestrahlte Wirtszellen sind hinsichtlich der Fähigkeit, A-Phagen zu vermehren, wesentlich resistenter.
- Mit zunehmender Latenzzeit nimmt die Strahlensensibilität der vegetativen A-Phagen stark ab, während sie bei B-Phagen konstant bleibt. (Ausnahme: λ verhält sich gegenüber dem Zerfall von ^{32}P wie ein Phage der Klasse A.)
- Homologe, genetisch verschiedene A-Phagen tauschen in gemeinsamen Wirtszellen häufig genetisches Material aus, so daß Rekombinanten entstehen. Infiziert man Bakterien mit mehreren UV-inaktivierten A-

Typen verbunden sind (verändert nach R. C. WILLIAMS 1959)

Kapazität von UV-Zellen für		Vegetative Strahlen-sensibilität	Mehrfach-reakti-vierung	Rekombi-nation	$\frac{AT}{GC}$
normale	UV-Phagen				
resistent	resistent	nimmt ab	hoch	häufig	1,56 – 1,89
sensibel	weniger resistent	bleibt normal	niedrig	selten	1,00 – 1,02

Phagen, so kann man lebende Nachkommen dadurch erhalten, daß eine „Mehrfachreaktivierung“ (Multiplizitätsreaktivierung) stattfindet. Beide – eng miteinander verwandten – Ereignisse sind im Falle einer Infektion mit B-Phagen selten.

Im wesentlichen werden diese Unterschiede darauf zurückgeführt, daß sich die A-Phagen weitgehend unabhängig vom Genom der Wirtszelle vermehren, während nach einer B-Infektion vielfältige Wechselbeziehungen zwischen Phagen- und Bakteriengenom stattfinden können. So stellt man sich vor, daß die Wirtszelle einen UV-Schaden des Phagengenoms durch homologes genetisches Material „ausbessern kann („Wirtsreaktivierung“) – was natürlich nicht möglich ist, wenn die Wirts-DNS selbst geschädigt wurde.

Außerdem ist ein derartiger Austausch von Bakterien- und Phagen-DNS nur dann möglich, wenn beide ein weitgehend ähnliches Basenverhältnis aufweisen. Und so findet man tatsächlich, daß die $\frac{A+T}{G+C}$-Werte der A-Phagen zwischen 1,56 und 1,89 liegen, bei den Phagen λ, P22, T1 und T3 dagegen annähernd 1 betragen und damit den bei ihren Wirtszellen *E. coli* und *S. typhimurium* gefundenen Verhältnissen entsprechen.

Mutationen

Eine der wichtigsten Grundlagen der Genetik war und ist die Tatsache, daß die Erbanlagen mutieren können: da diese Mutationen oft zu einer Veränderung des Phänotyps führen, erlauben sie uns wichtige Schlüsse zur Aufgabe des entsprechenden Wildtypgens.

In den einleitenden Abschnitten hatten wir gesehen, daß auch die Phagen hochkomplizierte Strukturen darstellen, die in den Wirtszellen eine Vielzahl von Reaktionen auslösen müssen, um reproduziert werden zu können. So ist man von vornherein nicht überrascht, wenn man hört, daß auch bei Phagen viele Mutationen auftreten können, die zu veränderten Strukturen oder Reaktionen führen.

Im Folgenden sollen einige dieser Mutationen kurz erwähnt werden. Wir wollen uns dabei nur auf solche beschränken, die zum Verständnis bestimmter genetischer Probleme notwendig sind, oder die Aufschlüsse über bestimmte Grundlagen des Aufbaues und der Vermehrung der Phagen geben können.

Da man sich bei der Arbeit mit Phagen in erster Linie der Tatsache bedient, daß diese Partikel in einem wachsenden Bakterienrasen charakteristische Löcher erzeugen, wurden natürlich sehr bald bestimmte Plaque-Typ-Mutationen bekannt, die heute in der Phagengenetik eine außerordentliche Rolle spielen.

Unter diesen sind Mutanten besonders wichtig, bei denen das Vermögen zur Lysehemmung beeinflußt ist. Weiter oben war erwähnt worden, daß der Stoffwechsel eines mit einem geradzahligen T-Phagen infizierten Bakteriums — d. h. die Produktion von Phagenmaterial — nach Ablauf der Latenzzeit sozusagen automatisch zum Stillstand kommt. Wird das Bakterium dagegen einige Zeit nach der Primärinfektion mit einem verwandten Partikel superinfiziert, dann wird die Latenzperiode der Wirtszelle beträchtlich verlängert und ihr Stoffwechsel nicht unterbrochen. Die Folge ist natürlich eine stark erhöhte Phagenausbeute.

Die Wildtyppartikel können nun in einem verhältnismäßig hohen Prozentsatz zu einer Form mutieren, die keine derartige Lysehemmung zuläßt; weil diese Partikel eine rasche (rapid) Lyse veranlassen, bezeichnet man sie als „r-Mutanten".

Dabei ergibt sich die erstaunliche Tatsache, daß die Information zur Fortsetzung der Stoffwechseltätigkeit vom Partikel der Primärinfektion geliefert wird: Nach Infektion mit T4r^+ bewirken sowohl superinfizierende T4r^+- als auch T4r-Partikel eine Lysehemmung. Nach Infektion mit einem r-Phagen dagegen hat die Superinfektion mit Wildtyp oder Mutante keinen Einfluß auf die Dauer der Latenzperiode.

Diese r-Partikel erzeugen nun Plaques, die sich von den kleinen trüben Wildtyplöchern durch ihren breiten, scharfen Rand und oft größeren Lochdurchmesser sehr deutlich unterscheiden. Sie gehen auf verschiedene Loci zurück, die an sehr verschiedenen, mindestens drei, Stellen des Phagengenoms lokalisiert sind, dort in dichten Büscheln vorkommen und sich physiologisch oft sehr stark unterscheiden. Das läßt vermuten, daß zur Lysehemmung mehrere relativ unabhängige Schritte notwendig sind. Dadurch ergibt sich übrigens die später noch ausführlich darzustellende Möglichkeit, diese Mutanten sehr eingehend untersuchen und zu genetischen Analysen heranziehen zu können.

Neben diesen, gelegentlich auch als „Randbreiten-Mutanten" bezeichneten Formen wurden zahlreiche andere Plaque-Typ-Mutanten beschrieben. Bei den geradzahligen Phagen gibt es Stämme, die kleine (m = minute) oder scharf begrenzte, trübe (tu = turbid) Plaques erzeugen. Kleine Löcher mit scharfem Rand erzeugen auch die Rm- und Vs-Mutanten von T1, während der entsprechende Wildtyp große, breitrandige Plaques hervorruft.

Eine weitere Differenzierung des Wildtyps und zahlreicher Mutanten ist dadurch möglich, daß man dem Nährboden einen oder mehrere Farbstoffe zufügt. Auf wasserblau- und alizaringelbhaltigem Agar erzeugt beispielsweise T1 blaue Löcher, durch die Mutanten Ge und Zf dagegen entstehen kräftig gelbe Plaques mit gelbgrünem Innen- und blaugrünem Außenrand.

Auch die sogenannten Wirtsbereichsmutanten spielen in der Phagenforschung und -genetik eine sehr große Rolle. Jeder Phagentyp kann ja nur bestimmte Arten einer Gruppe verwandter Bakterien infizieren. Durch jeweils einen Mutationsschritt kann dieser „Wirtsbereich" (= host range = h-Mutationen) erweitert oder auch verkleinert werden.

Üblicherweise arbeitet man dabei mit solchen Mutanten ursprünglich sensibler Bakterien, die resistent gegenüber dem Wildtypphagen sind (z. B. ist B/2 eine für T2 resistente *E. coli*-B-Mutante). Mit diesem Bakterienstamm werden dann Phagenmutanten selektioniert, die die resistenten Bakterien zu lysieren vermögen, in unserem Beispiel also T2h.

Wie die r-Gene kommen auch die h-Loci in zahlreichen verschiedenen Abschnitten des Phagengenoms vor; die h-Charaktere von T4 können dadurch in mindestens acht verschiedene Phänotypen eingeteilt werden. Das prädestiniert die h-Mutanten ebenfalls für genetische Untersuchungen und deutet auch gleichzeitig an, daß beim Adsorptionsprozeß mehrere Proteine ursächlich beteiligt sein dürften.

Interessanterweise scheint der Unterschied im Wirtsbereich von T2 und T4 (beide lysieren *E. coli* B und jeweils die komplementären Mutanten B/4 und B/2) nur auf der genetischen Änderung eines einzigen Locus zu beruhen, der gleichzeitig für die unterschiedliche serologische Spezifität beider Phagentypen verantwortlich ist.

Hier sind auch die — für uns weniger wichtigen — Adsorptions-Kofaktor-Mutanten kurz zu erwähnen. Zahlreiche Phagenstämme benötigen zur Adsorption aus noch nicht völlig geklärten Gründen organische Substanzen als Kofaktor(en), T4 beispielsweise Tryptophan. Man kennt nun Mutanten, die nicht mehr auf einen derartigen Kofaktor angewiesen sind, und andere, die außerdem weitere Faktoren, neben Tryptophan beispielsweise Kalzium benötigen.

In diesem Zusammenhang sei auf die Tatsache hingewiesen, daß der Phage T2 gegenüber UV-Strahlen etwa doppelt so sensibel ist wie T4, obwohl beide Typen gleiche Mengen von DNS enthalten, die sich nur durch den Grad der Glukosylierung etwas unterscheidet. Diese verschiedene Strahlensensibilität wird durch ein einziges Gen bedingt, wobei sein Allel u^+ dem Sensibilitätsgrad von T2, u dem von T4 entspricht: T2-Phagen, die in vitro UV-bestrahlt wurden, überleben entsprechend einer T4-Kurve, wenn die Wirtszellen ein u-Allel enthalten. Beide Phagen sind also etwa gleich sensibel; bei denen, die das u-Allel tragen, werden aber etwa 50% der sonst letalen Schäden reaktiviert.

In jüngster Zeit gewinnen vor allem solche Mutanten an Bedeutung, deren phänotypischer Effekt mit einem veränderten oder infolge der Mutation fehlenden Protein unmittelbar in Verbindung gebracht werden kann. Da vorläufig eine Sequenzanalyse der DNS nicht möglich ist, muß man zur Lösung des Coding-Problems (S. 107) mit Systemen arbeiten können, in denen ein auf der Genkarte lokalisierbarer Effekt einer bestimmten Veränderung in dem vom entsprechenden Gen kontrollierten Protein vergleichbar ist.

Dazu gehören Mutanten, welche die infizierte Wirtszelle nicht mehr zur Produktion eines Lysozyms bzw. zur Produktion nicht ausreichender Lysozymmengen oder eines strukturell veränderten (unwirksamen) Lysozyms veranlassen („e-Mutanten"). Sie können dadurch identifiziert werden, daß sich bei der Behandlung von Wildtyp-Plaques mit Chloroformdämpfen um diese ein Hof bildet, weil die chloroforminaktivierten Bakterien unter der Wirkung des Phagenlysozyms lysieren. Um die Plaques der e-Mutanten wird dagegen kein oder nur ein schmaler Hof ausgebildet.

In diesem Zusammenhang müssen auch die Mutanten erwähnt werden, die gegenüber dem osmotischen Schock resistent sind. Aus der Tatsache, daß diese „o-Mutanten“ mit 2M Saccharose geschockt werden können und daß sie gegen die letale Wirkung gealterten Stickstofflosts empfindlicher sind als der o^+-Wildtyp, kann man schließen, daß durch die Mutation die Permeabilität der Kopfmembran erhöht wird. Andere Ergebnisse (vgl. S. 55) bestätigen, daß die o-Mutation tatsächlich an den Kapsomeren angreift.

Von den temperierten Phagen haben wir bereits die c-Mutanten (S. 31) sowie die virulenten oder induzierenden Mutanten (S. 44) kennengelernt. Mindestens die c-Mutanten haben die Fähigkeit zur Synthese des Repressors verloren, während die virulenten Mutanten der Wirkung des in lysogenen Zellen vorhandenen Repressors nicht mehr unterliegen.

Darüber hinaus gibt es Mutanten, die nicht mit UV und ähnlichen Noxen, wohl aber zygotisch induzierbar (S. 40), also „semiinduzierbar“ sind. Zu ihrer Charakterisierung ist die Tatsache wichtig, daß Zellen, die je einen induzierbaren und einen semiinduzierbaren Prophagen tragen, mit UV nicht induziert werden können: Der semiinduzierbare Charakter ist dominant. Entsprechend kann man die Entwicklung der Phagen in einer UV-induzierten lysogenen Zelle dadurch unterdrücken, daß man sie mit einer semiinduzierbaren Mutante superinfiziert. Man nimmt an, daß die semiinduzierbaren Phagen entweder

- mehr Repressor produzieren als der Wildtyp, oder
- einen veränderten Repressor produzieren, der beispielsweise stabiler sein könnte als der vom Wildtyp kontrollierte, oder
- einen Repressor produzieren, der eine höhere Affinität für das genetische Material des Prophagen besitzt.

Für die Untersuchung der bei der Phagenproduktion beteiligten Prozesse sind weiter die Mutationen der Prophagen sehr wichtig, die die vegetative Phase beeinflussen. Dabei entstehen defektiv-lysogene Zellen, die nach Induktion zwar sämtlich lysieren, von denen aber nur 10^{-3} bis 10^{-8} Phagennachkommen produzieren — es sei denn, normale „Hilfsphagen" steuern die dem defektiven Prophagen fehlende genetische Information bei. Wie aus Tab. 5 hervorgeht, konnte man bisher zahlreiche defektive temperierte Phagen identifizieren, bei denen jeweils bestimmte Stadien der vegetativen Phase blockiert sind. Neben diesen wurden ferner solche beschrieben, bei denen der Verlust noch nicht entdeckt werden konnte: Sie produzieren DNS und normale Proteine — aber keine reifen Partikel.

Von zahlreichen weiteren Mutanten seien schließlich nur noch solche — bei λ und bei P1 beobachtete — erwähnt, die sich in ihrer Dichte vom Wildtyp unterscheiden. Bei P1 geht damit eine beträchtliche Veränderung des Kopfdurchmessers parallel, von 650 Å auf 900 Å! Bei λ konnten bisher drei Mutantengruppen mit verschiedenen Dichten beschrieben werden. Zumindest zwei Gruppen (mit den Dichten 1,512 bzw. 1,491 an Stelle der Wildtyp-

Tabelle 5. Charakterisierung einiger defektiver Prophagen. A = möglich mit Hilfe eines superinfizierten normalen Phagen (LWOFF 1961)

	Wildtyp	Mutanten			
Autonome Vermehrung des Genoms	+	0(A)	0(A)	0	0
Synthese von Lysozym	+	0	0	+	+
Synthese des die Adsorption kontrollierenden Schwanzproteins	+	0	+	0	+
Synthese des den Wirtsbereich kontrollierenden Proteins	+	0(A)	+	0(A)	0
Fähigkeit zu lysogenisieren	+	0	0	0	0
Produktion von reifen Partikeln nach Superinfektion mit normalen Phagen	+	+	+	+	+

dichte von 1,508) besitzen ein für diese Dichte verantwortliches Gen (b1 bzw. b2; die entsprechenden Wildtypallele sind $b1^+$ und $b2^+$), das sich in Kreuzungen wie jeder andere Marker verhält. Das Wildtypallel $b2^+$ kontrolliert außerdem die Fähigkeit zur stabilen Lysogenisierung: λb2-Partikel können nur abortiv lysogenisieren. In den resultierenden abortiv lysogenen Zellen wird der Prophage nicht mit dem Bakterienchromosom vermehrt und immer nur an eine Tochterzelle weitergegeben.

Die Ursache der unterschiedlichen Dichte zumindest von λb2 ist ein veränderter DNS-Gehalt. So besitzt $\lambda b2^+$ etwa 18% mehr DNS als λb2. Diese DNS-Fraktion scheint wesentlich bei der Anlagerung des Prophagen an das Bakterienchromosom beteiligt zu sein.

Phagen — Modifikationen

Außer den genetisch fixierten Änderungen sind auch bei Phagen zahlreiche nichterbliche Modifikationen bekannt, deren zwei wichtigste Gruppen im folgenden der Vollständigkeit halber kurz skizziert werden sollen.

Unter der Nachkommenschaft einer Mischinfektion mit Phagen, die sich im h-Locus unterscheiden (also beispielsweise T2 × T4 oder $T2h^+ \times T2h$), treten nicht nur Strukturen mit dem elterlichen Genotyp und Rekombinanten auf, sondern auch einige Partikel mit „gemischtem Phänotyp“, bei denen Geno- und Phänotyp nicht übereinstimmen. So sind beispielsweise alle Nachkommen einer T2 × T4-Kreuzung in bezug auf den Wirtsbereich genotypisch entweder T2 oder T4, phänotypisch kann dagegen eine dritte Nachkommengruppe nachgewiesen werden, die sowohl an B/2 (wie T4) als auch an B/4 (wie T2) adsorbieren kann. Offensichtlich enthalten diese Partikel T2- und T4-spezifische Adsorptionsstrukturen.

Aus diesen und anderen Befunden kann man einen sehr bemerkenswerten Schluß ziehen: Während jeder Phagentyp die Synthese spezifischer Proteinstrukturen durch die Wirtszelle induziert, haben die neu gebildeten vegetativen Phagen offenbar keinen Einfluß darauf, mit welchen Proteinstrukturen sie beim Reifungsprozeß zusammengebaut werden. Daraus kann man wiederum auf eine gewisse Unabhängigkeit, auf ein Nebeneinanderherlaufen der Synthesen von vegetativen Phagen und Proteinstrukturen schließen.

Dieses Phänomen des phänotypischen Mischens war bisher nur beim Adsorptionsphänotyp bekannt. Kürzlich konnte nun gezeigt werden, daß auch die o-Eigenschaft — welche die Resistenz gegenüber osmotischem Schock kontrolliert — phänotypisch gemischt wird: Von den phänotypisch resistenten Nachkommen einer Kreuzung T4o × T4o$^+$ sind nur 60% genotypisch o.

In diesem Zusammenhang ist interessant, daß die vegetativen Phagen auch über den Grad ihrer Glukosylierung (Tab. 6) nur indirekte Informationen enthalten, indem sie bei der Infektion die Synthese entsprechender Enzyme (Glukosyl-Transferasen) auslösen. Diese Enzyme sind allein dafür verantwortlich, ob die HMC-Reste einer Phagen-DNS α-, β- oder di-, sowie sämtlich oder nur zum Teil glukosyliert werden. So kann man T2- und T6-DNS, von denen 25% HMC nicht glukosyliert sind, weiter glukosylieren, wenn man neben einer Glukosequelle das entsprechende Enzym aus T4-infizierten Zellen zusetzt.

Tabelle 6. Glukosylierung der 5-Hydroxy-Methylcytosin-Reste der DNS geradzahliger Phagen (KORNBERG et al. 1961)

	T2	T4	T6
Nicht glukosyliert	25%	0	25%
α-glukosyliert	70%	70%	3%
β-glukosyliert	0	30%	0
Diglukosyliert	5%	0	72%

Bei den „wirtsinduzierten Modifikationen" verleiht eine bestimmte Wirtszelle den von ihr produzierten Phagen bestimmte Eigenschaften hinsichtlich ihres Wirtsbereiches. Auch diese Erscheinung ist wiederum nicht genetisch fixiert, und die vorangegangenen Wirtszellen haben darauf ebenfalls keinerlei Einfluß.

Ein typisches Beispiel: T2 wird von *E.-coli*-Mutanten $B/4_0$ mit normaler Rate produziert. Dabei entstehen Nachkommen T*2, die nur von etwa 10^{-3} der infizierten B- oder $B/4_0$-Zellen vermehrt werden. Andererseits kann die *E. coli* verwandte Art *Shigella dysenteriae* T*2- und T2-Phagen mit gleicher Rate produzieren. Die Tatsache, daß es sich um nicht genetisch fixierte Eigenschaften handelt, zeigt sich daran, daß sich die wenigen von *E. coli* B produzierten T*2-Nachkommen wieder wie normale T2-Phagen verhalten und von allen Stämmen mit normaler Ausbeute reproduziert werden.

Bisher konnte noch nicht eindeutig geklärt werden, worauf die Modifikation beruht. Vermutlich ist der Injektionsmechanismus bei den modifizierten Phagen irgendwie verändert. So vermag T*2 zwar normal zu adsorbieren, aber zwei Drittel der Bakterien werden durch diesen Vorgang nicht inaktiviert. Außerdem ist der Phage T^*2r^+ — im Gegensatz zum normalen $T2r^+$ — nicht in der Lage, die Vermehrung von T2rII in *E. coli* K12(λ) zu ermöglichen. (Wie auf S. 45 erwähnt wurde, blockiert der λ-Prophage die Vermehrung von rII-Mutanten. Dieser Block kann aber mit Hilfe von gleichzeitig infizierenden normalen Partikeln umgangen werden.)

Die Replikation der Phagen-DNS

Im folgenden soll uns nun die Frage beschäftigen, nach welchem Mechanismus die DNS des Phagenelters so vermehrt wird, daß hunderte identische DNS-Nachkommenmoleküle entstehen. Nach dem Duplexmodell und entsprechend den Befunden über die in-vitro-Synthese der DNS sollte jeder einzelne Polynukleotidstrang als Matrize dienen, an die sich ein komplementärer Basenstrang anlagert. Meist stellt man sich vor, daß sich die Doppelhelix an einem Ende auftrennt, daß beide freiwerdenden Stränge sofort als Matrizen zur Verfügung stehen und zunehmend weiter aufgetroddelt werden. Dadurch ergibt sich das klassische Y-Schema (Abb. 19).

Abb. 19. Entwindung und Replikation einer DNS-Duplex. Alle drei Arme des Y rotieren im angezeigten Sinne (DELBRÜCK und STENT 1957)

Nun nimmt man aber an, daß sich die beiden Einzelstränge des mehrere hundert Schraubenwindungen umfassenden DNS-Moleküls nicht so ohne weiteres auftrennen lassen, zumal das Molekül in einem mehr oder weniger geknäuelten Zustand vorliegen dürfte: Würde es auseinandergezogen, so entspräche seine Länge dem sechzigfachen Durchmesser des Wirtsbakteriums.

Deshalb begann man, andere Replikationsmechanismen zu erörtern. Beispielsweise könnte die gesamte Duplex als Matrize dienen oder ein Strang abgebaut werden, so daß nur noch der zweite Matrizenfunktion hat. In beiden Fällen sind die Schwierigkeiten aber nicht aufgehoben, denn nun müssen sich Elter- und Tochtermolekül trennen. Das gleiche gilt für die Vorstellung, daß die gesamte Information zunächst an ein RNS- oder ein Ribonukleoprotein abgegeben wird und daß dieses dann als Matrize für die Synthese neuer DNS-Moleküle dient.

Eine andere Möglichkeit wäre die, daß während der Reduplikation pro Windung in beiden Ketten der Eltern-

Duplex Brüche auftreten, und daß sich dann jeweils ein Ende mit dem freien Ende eines neugebildeten Stranges vereinigt, während das andere Ende als neue Matrize zur Verfügung steht.

Zunächst versuchte man durch Behandlung phageninfizierter Bakterien mit ultravioletten und ionisierenden Strahlen sowie mit ^{32}P Aufschluß über den Replikationsmodus zu erhalten. Unter der Annahme, daß das Phagengenom geometrisch vermehrt wird, erwartete man, daß die Fähigkeit der Zellen zur Phagenproduktion zunehmend durch Mehrtrefferkurven inaktiviert werden müßte, und daß aus dem Verlauf dieser Inaktivierungskurven auf die Zahl der vorhandenen DNS-Kopien geschlossen werden könne.

Während mit T1, T3, T7 und λ („B-Phagen" nach S. 46) Befunde erhalten wurden, die einigermaßen der Erwartung entsprachen, nahm die Strahlensensibilität und die Empfindlichkeit gegenüber ^{32}P-Zerfall (vgl. S. 24) der geradzahligen T-Phagen und von T5 bald nach der Infektion stark ab — aber immer nach einem Eintreffermechanismus. Die zunehmende Resistenz beruht also nicht auf einer Vergrößerung der Zahl der Treffbereiche, sondern auf einem Prozeß, der den vegetativen Phagen und oder seine Replikas unmittelbar selbst betrifft. Außerdem konnte nachgewiesen werden, daß diese „Stabilisierung" nichts mit der Replikation der DNS zu tun hat: Wenn in der infizierten Zelle die DNS-Synthese beginnt, haben die infektiösen Zentren schon mehr als die Hälfte ihrer schließlichen Stabilität gegenüber der Inaktivierung durch ^{32}P-Zerfall erreicht.

Deshalb versuchte man zu ermitteln, wie das Material der Eltern-DNS auf die Nachkommenduplexe verteilt wird. Dafür gibt es drei verschiedene Möglichkeiten (Abb. 20). Nach dem klassischen, zuerst erwähnten Replikationsmechanismus wäre die Verteilung der Eltern-DNS semikonservativ: Die atomare Identität einzelner DNS-Stränge bleibt erhalten, zwei der Nachkommen besitzen jeweils 50% Eltern-DNS. Wenn die ganze Duplex als Matrize dient, resultiert eine konservative Verteilung: Die Integrität der Eltern-Duplex bleibt erhalten; unter der Phagenausbeute jedes infizierten Bakteriums werden jeweils ein Elternmolekül und viele neue DNS-Moleküle gefunden. Bei der dispersiven Replikation schließlich würde das Material der elterlichen DNS auf zahlreiche Nachkommen verteilt werden. Eine Entscheidung zwischen diesen Möglichkeiten dürfte durch Transferversuche zu treffen sein, in denen irgendwie markierte Phagen-DNS in nichtmarkierte Bakterien injiziert und die Verteilung des Isotops auf die Nachkommenschaft analysiert wird.

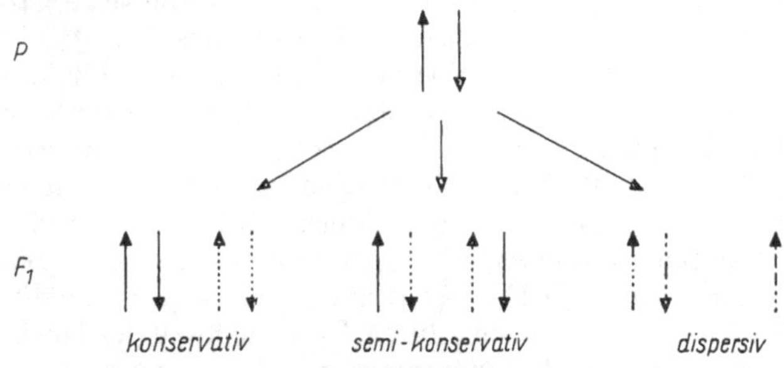

Abb. 20. Verteilung der Eltern-DNS auf Tochterduplexe

Untersuchungen ^{15}N- bzw. 5-Bromdesoxyuridinmarkierter DNS aus Bakterien-, Algen- und menschlichen Gewebekulturzellen im Caesiumchlorid-Dichtegradienten in der analytischen Ultrazentrifuge ergaben eindeutig eine semikonservative Replikation. Bei Phagen sind derartige Versuche von vornherein mit dem Nachteil belastet, daß nur etwa 50 bis 60% des markierten Materials unter der Nachkommenschaft aufgefunden werden können. Das ist aber ganz sicher auf unspezifische Verluste zurückzuführen.

Nimmt man die unter der Nachkommenschaft gefundene Markierungsmenge als repräsentativ für das ursprünglich injizierte Material an, setzt sie gleich 100% und untersucht nun ihre Aufteilung unter den Phagennachkommen, so steht man einem zweiten Problem gegenüber: Zwischen den vegetativen Phagen finden durch zufällige „Paarungen“ Rekombinationen (siehe S. 75) statt, deren Mechanismus ebenfalls noch seiner endgültigen Aufklärung harrt. Dadurch wird natürlich die Interpretation jedes nicht ganz eindeutigen Transferversuches erschwert.

Trotzdem konnten in den letzten Jahren mit verschiedenen Methoden einigermaßen vergleichbare Resultate erhalten werden, die zunächst sämtlich jeweils die Übertragung weniger großer Teile der Eltern-DNS auf einige Nachkommen anzeigten. Autoradiographisch ergab sich beispielsweise, daß etwa 40 bis 50% des Elter-^{32}P in 20%-Fragmenten verteilt werden, deren Größe sich in der zweiten Generation nicht verändert. Ähnliche Resultate ergab die „Selbstmord“-Methode, bei der sich ^{32}P dadurch zu erkennen gibt, daß er die Phagen inaktiviert, in die er eingebaut ist: Etwa 60% der Eltern-DNS werden in vier Aggregaten zu je etwa 15%, die übrigen 40% in kleineren Stücken — unter 0,3% — auf die Nachkommen verteilt.

Andererseits ergab sich durch Untersuchung der Nachkommen von 5-Bromdesoxyuridin-(BUDR-)markierten Phagen im CsCl-Dichtegradienten sowie in Bestrahlungsversuchen, daß das einzelne einsträngige DNS-Molekül des Phagen ΦX 174 offenbar dispersiv repliziert wird: Obwohl mit der verwendeten Methode noch ein markierter unter mehr als tausend Phagen nachgewiesen werden kann, fanden sich unter der Nachkommenschaft BUDR-markierter Elternphagen kein, unter den Nachkommen nichtmarkierter Phagen aus markierten Bakterien nur BUDR-Partikel. Gleiche Verhältnisse ergaben sich mit ^{32}P. Mit diesem Isotop konnte außerdem gezeigt werden, daß bei einer Infektion mit ΦX 174 etwa 50% des Elternmaterials in Nachkommen nachgewiesen werden können, daß also quantitativ gleiche Übertragungsmechanismen vorliegen wie bei den Phagen mit Duplex-DNS.

Wieder andere Befunde wurden dadurch erhalten, daß man 5-Bromdesoxyuridin-markierte Bakterien mit ^{32}P-markierten Phagen infizierte, aus den Nachkommen die DNS isolierte, durch Behandlung mit Ultraschall in kleine Stücke zerlegte (deren Molekulargewicht etwa 5×10^5 beträgt) und diese Stücke dann auf ihren Gehalt an elterlichem ^{32}P und an BUDR (im Dichtegradienten) untersuchte. Wird die Eltern-DNS dispersiv verteilt, sollte die ^{32}P-Aktivität gleichmäßig über die Bruchstücke verteilt sein, während sich bei Übertragung von Untereinheiten einige Bruchstücke mit geringerer Dichte (= weniger BUDR) und höherer spezifischer Aktivität nachweisen lassen müßten.

Dabei ergab sich, daß die Eltern-DNS in einzelnen Bruchstücken auf einige Tochtermoleküle verteilt wird, die aber jeweils weniger als 10% der Eltern-DNS umfassen dürften. In diesem Bereich nun scheint eine „semikonservative" Verteilung vorzuliegen: Das Elternmaterial bildet mit neusynthetisierter DNS hybride Moleküle, die nach vorläufigen Berechnungen ein Molekulargewicht zwischen 5×10^5 und 5×10^6 haben sollten.[1]

Offensichtlich kann man sich aus diesem Für und Wider noch kein klares Bild über die Natur des Replikationsmechanismus machen. Das gleiche gilt für die in diesem Zusammenhang naheliegende Frage nach dem Bau des Phagen-„Chromosoms" bzw. Lineoms.

Aus mit verschiedener Methodik durchgeführten Versuchen schien zunächst hervorzugehen, daß es offenbar zwei verschiedene Arten Phagen-DNS gibt, wobei eine in verhältnismäßig großen Bruchstücken, die andere in sehr kleinen auf die Nachkommen übertragen werden sollte. Gleichzeitig erlaubten Befunde aus strahlenbio-

[1] Nach neuesten Befunden liegt bei der Vermehrung von T7 und λ eine semikonservative Replikation vor. Dies gilt auch für T2, bei welchem Phagen außerdem zahlreiche Brüche und Wiedervereinigungen stattfinden. „Hybriden" aus elterlicher und neusynthetisierter T2-DNS können deshalb nur im Bereich von Fragmenten nachgewiesen werden.

logischen Versuchen die Annahme einer UV-resistenten und einer UV-sensiblen DNS-Fraktion.

Die Aufteilung schien nicht zufällig und etwa methodisch bedingt zu sein: Chromatographisch konnte T2-DNS an Histonsäulen in zwei Fraktionen zerlegt werden, die in der Größenanordnung etwa den autoradiographisch ermittelten Anteilen entsprachen. Beide Fraktionen unterschieden sich im Molekulargewicht und darin, daß jede ein anderes $\frac{A+T}{G+C}$-Verhältnis aufwies. Außerdem be-

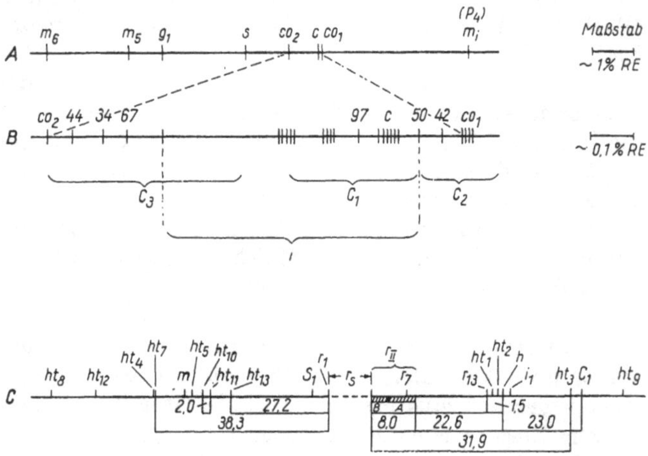

Abb. 21. Chromosomenkarten von (A) λ und (B) seiner C-Region sowie von (C) T2 (JACOB und WOLLMAN 1957; LEVINTHAL 1959)

saß die vermutlich in großen Bruchstücken weitergegebene Fraktion ein molekulares Glukose- zu 5-HMC-Verhältnis von 0,65, während diese Relation bei dem in kleinen Bruchstücken übertragenen Anteil annähernd 1 war. Das ist besonders insofern interessant, als die Glukosylierung bei den geradzahligen T-Phagen typspezifisch ist (Tab. 6), aber offensichtlich nur von der Induktion entsprechender Glukosyltransferasen abhängt (S. 55).

Andererseits konnte aber kürzlich nachgewiesen werden, daß die Phagen-DNS selbst bei schonendster Behandlung außerordentlich leicht zerbricht, so daß die Untersucher bisher mit vermutlich nicht mehr nativen Molekülen gearbeitet hatten.

Neue Versuche, die unter entsprechenden Kautelen durchgeführt wurden, sowie autoradiographische Untersuchungen haben jetzt zahlreiche Arbeitskreise vermuten lassen, daß die geradzahligen T-Phagen je ein DNS-Molekül mit einem Molekulargewicht besitzen, das zwischen 90 und 160×10^6 liegen dürfte.[2] Das stimmt gut mit genetischen Befunden überein, wonach sämtliche Phagen „haploid" sind und also nur ein „Chromosom" besitzen (z. B. Abb. 21).

Rekombination

Kreuzt man zwei Organismen, die sich in den Faktoren A und B unterscheiden, zwei Allelen der Gene A^+ und B^+, so erhält man unter der Nachkommenschaft nicht nur die Elterntypen A und B, sondern auch einen bestimmten, jeweils für die Elterngene spezifischen, Prozentsatz von „Rekombinanten", Nachkommen, die entweder die Gene AB tragen oder mit der Rekombination A^+B^+ dem Wildtyp entsprechen. Arbeitet man mit drei verschiedenen Markern, A, B und C, so ergibt sich meist — vorausgesetzt, daß diese Gene nicht zu dicht benachbart sind

[2] T2-Phagen dürften nach neuesten Befunden ein Molekül mit einem Molekulargewicht von 130×10^6 ($\pm 15\%$) und einer Länge von ca. 50 μ haben. Auch T5-Phagen scheinen nur ein DNS-Molekül zu besitzen, mit einem Molekulargewicht von etwa 80×10^6.

oder zu weit voneinander entfernt liegen — eine Beziehung, wonach die Rekombinationsprozentsätze

$$A \cdot B + B \cdot C = A \cdot C$$

sind.

Dieser immer wieder bestätigte Befund deutet eine lineare Anordnung der Gene an und war Anlaß zu der die moderne Genetik revolutionierenden Aufstellung von Chromosomen- bzw. Genkarten: Die Rekombinantenprozentsätze (Austauscheinheiten) spiegeln die Entfernung der gekreuzten Gene wider und werden deshalb auf der Karte als Genabstände eingetragen.

Aus den Prozentsätzen der entsprechenden Rekombinanten sowie aus zytologischen Beobachtungen konnte auch sehr bald der für diesen Faktorenaustausch verantwortliche Mechanismus aufgeklärt werden: Die reziproken Rekombinantenpaare (von $A \times B$ also $A \cdot B$ und $A^{+} \cdot B^{+}$) werden immer in gleichen Häufigkeiten gefunden, entstehen also offenbar im gleichen Ereignis — nämlich durch den als „crossing over" bezeichneten Stückaustausch.

Interferenz-Phänomene

Bakteriophagen kann man dadurch kreuzen, daß man Bakterien mit zwei verschiedenen Typen, die sich nur durch ein oder wenige Allele unterscheiden, „mischinfiziert".

Allerdings hat man in solchen Versuchen meist nur dann Erfolg, wenn man zwei verwandte Phagen miteinander kreuzt. Mischinfiziert man dagegen eine Bakterienkultur beispielsweise mit T1 und T2 — und zwar in solch einer „Einsaatrate", daß aus statistischen Gründen jede Zelle von mindestens einem Partikel jeden Typs infiziert wird —, so werden zwar beide Typen adsorbiert — aber nur T2-Phagen produziert. Durch Variation der Einsaatrate kann man nachweisen, daß schon die Infektion mit einem T2-Partikel die Zelle daran hindert, auch T1-Nachkommen zu produzieren — selbst, wenn die T1-Infektion schon einige Minuten früher erfolgte.

Dieses Phänomen der „gegenseitigen Ausschließung“ (mutual exclusion) ist unter den Phagen weit verbreitet, allerdings nur bei nichtverwandten Typen: T1 und T7 sowie T2 und T7 schließen sich gegenseitig aus, nicht aber T2 und T4 oder T2 und T6. UV-induzierte *E.-coli*-K12-(λ-)Zellen werden durch eine T5-Infektion völlig an der Produktion von λ gehindert, selbst dann, wenn T5 erst wenige Minuten vor dem intrazellulären Auftreten der ersten reifen λ-Partikel zugegeben wird.

Bei verwandten Phagen ist eine partielle Ausschließung möglich: Bei einer Kreuzung von T2 und T4 werden nur sehr wenige T2-Partikel produziert. Aus dieser Kreuzung hervorgegangene Nachkommen mit einem T2-Phänotyp („$\overline{T2}$“) besitzen nunmehr die Fähigkeit, bei Mischinfektion mit einem T2-Wildtyp diesen in dem Prozentsatz bei der Produktion von Nachkommen auszuschließen, als wenn die Mischinfektion mit T4 vorgenommen worden wäre.

Daneben gibt es — wieder bei verwandten Phagen — eine zweite Möglichkeit der partiellen Ausschließung, die aber nicht auf genetischen Unterschieden zwischen zwei Phagen zu beruhen scheint (abgesehen davon, daß sie meist nur mit genetisch verschiedenen Partikeln nachgewiesen werden kann). In diesem Falle sind superinfizierende Phagen betroffen: Wird eine $T2^+$-infizierte Zelle mit T2r superinfiziert, so wird innerhalb weniger Minuten nach der Primärinfektion der Bakterienprozentsatz immer geringer, der beide Typen produziert. Das geschieht sogar dann, wenn die Zellen zuerst mit einem UV-inaktivierten Phagen infiziert wurden.

Auch hier liegt noch keine Erklärung vor. Sicher ist für die Deutung dieses Phänomens die Tatsache nicht unwichtig, daß alle „A“-Phagen (im Sinne der Definition auf S. 45) einen superinfizierenden Phagen ausschließen können (Tab. 4), während dies den B-Typen nicht möglich ist.

Diese Erscheinungen sind natürlich für die Planung, Durchführung und Auswertung von Phagenkreuzungen sehr wichtig.

Grundlagen der Rekombinations-Theorien

Kreuzt man nun unter diesen Kautelen zwei genetisch verwandte Phagen untereinander, so erhält man prinzipiell die gleichen Befunde wie in der klassischen Genetik: Aus einer Kreuzung von beispielsweise T2hr mit T2h^+r^+ erhält man unter vielen Partikeln mit Elterntyp einen bestimmten Prozentsatz von Nachkommen, die entweder die Marker h^+r oder hr^+ besitzen. Kreuzt man andererseits T2r1 mit T2r7, so erhält man einige Rekombinanten der Typen T2r1^+r7^+ und T2r1r7, welch letztere wie die Elternphagen phänotypisch r sind, bei Rückkreuzung mit je einem beider Elterntypen aber keine Wildtyprekombinanten hervorbringen (Tab. 7).

Mit Beginn der DNS-Synthese in der mit geradzahligen T-Phagen infizierten Zelle wird ein „Pool" vegetativer Phagen gebildet, der etwa jeweils 50 bis 100 Phagenäquivalente enthalten dürfte. Darauf werden — offenbar rein zufällig — mit der gleichen Rate, mit der neue DNS

Tabelle 7. Verschiedene Kreuzungen und ihre Nachkommen (LEVINTHAL 1959)

Kreuzung	Nachkommen	
	Elterntypen	Rekombinanten
r × h	r, h	rh, wild
rh × wild	rh, wild	r, h
$r_a \times r_b$	r_a, r_b	r_ar_b, wild
$r_{ab} \times r_a$	r_{ab}, r_a	keine
$r_{ab} \times r_b$	r_{ab}, r_b	keine
r_{ab} × wild	r_{ab}, wild	r_a, r_b
$ab^+ \times a^+b$	ab^+, a^+b	ab, a^+b^+
$ab \times a^+b^+$	ab, a^+b^+	a^+b, ab^+
$abc \times a^+b^+c^+$	abc, $a^+b^+c^+$	a^+bc, a^+b^+c, a^+bc^+, ab^+c, ab^+c^+, abc^+

synthetisiert wird, vegetative Phagen entnommen und mit einer Proteinhülle versehen. Durch das Zufälligkeitsprinzip bei der Phagenreifung ist also praktisch der Fall möglich, daß der erste neugebildete vegetative Phage bis zur Lyse der Zelle im Pool verbleibt, während andererseits ein eben erst in den Pool gelangtes Phagenchromosom gleich anschließend aus diesem entnommen und mit Protein umhüllt werden kann.

Zweifellos finden in diesem Pool die Rekombinationsakte statt. Gegenwärtig kann aber noch nicht entschieden werden, ob zwei verschiedene Partikel nach Mischinfektion einen gemeinsamen Pool bilden, oder ob sich jeder vegetative Phage zuerst in einem eigenen Areal vermehrt und Rekombinationen nur dann stattfinden können, wenn sich die Areale genetisch verschiedener Phagen durchdringen.

Untersucht man die Ausbeute eines ganzen Lysates, also vieler mischinfizierter Bakterien, findet man — analog den bei höheren Organismen vorliegenden Verhältnissen — komplementäre Rekombinanten (A^+B^+ und AB) in gleichen Verhältnissen. Prüft man dagegen jeweils die Nachkommen einzelner mischinfizierter Bakterien, so sind die Verhältnisse meist sehr unterschiedlich. Bei niedrigen Rekombinationsfrequenzen, wenn sich die Eltern also durch mehr oder weniger eng benachbarte Gene unterscheiden, erhalten viele Würfe oft nur einen von beiden möglichen Rekombinantentypen. Demnach scheinen komplementäre Rekombinanten unabhängig voneinander in verschiedenen Rekombinationsakten zu entstehen.

Eine weitere Besonderheit ist dadurch gegeben, daß mit Phagen nicht nur Mehrfaktorkreuzungen, sondern auch Mehrfachkreuzungen vorgenommen werden können. Mehrfaktorkreuzungen ergeben Befunde, wie sie aus den Zweifaktorkreuzungen zu erwarten sind: Wildtyprekombinanten können aus T2r1 × T2r4r7 entstehen, nicht aber aus T2r1r5 × T2r1r13. Wildtyppartikel können aber auch unter den Nachkommen der Kreuzung T2r7r13 × T2r4r7 × T2r4r13 — in allerdings sehr geringen Prozentsätzen — nachgewiesen werden. Daraus geht hervor, daß sich mindestens drei verschiedene Phagentypen in einer Zelle rekombinieren können.

Der Anteil der Rekombinanten ist wie bei *Drosophila* für zwei gegebene Genpaare immer konstant, variiert andererseits für verschiedene Genpaare natürlich ganz außerordentlich, von unter 1% bis etwa 40%. Interessanterweise erhöht sich der Rekombinantenanteil unter den Nachkommen einer Kreuzung im Verlaufe der DNS-Synthese: Bei einer Kreuzung T2h × r7 waren bei vorreifer Lyse unter 10 Nachkommen etwa 17% Rekombinanten; nach normaler Lyse mit einer Wurfgröße von 250 29% Rekombinanten; unter Würfen von 1710 Nachkommen (unter Bedingungen der Lysehemmung) 42% Rekombinanten. (Der theoretische Wert von 50% kann nie gefunden werden, da die gesamte Nachkommenschaft selbst nach Lysehemmung Phagen enthält, die z. T. sehr früh — als Rekombinationsakte noch selten waren — fertiggestellt wurden und die dadurch das genetische Gleichgewicht verschieben.)

Auch im Hinblick auf das Auftreten von Doppelrekombinanten ergeben sich starke Unterschiede zwischen klassischer und Phagengenetik. Kreuzt man zwei Phagen mit verschiedenen nahe beieinanderliegenden Allelen der Gene A, B und C, dann sollte die Häufigkeit von A · C-Rekombinanten genauer als auf S. 64 durch die Formel

$$A \cdot C = A \cdot B + B \cdot C - 2\,[(A \cdot B)(B \cdot C)]$$

ausgedrückt werden können. Die Korrektur muß gemacht werden, weil ja eine Doppelrekombination zwischen A und B sowie zwischen B und C als Ergebnis keine Rekombination von A und C zur Folge hätte (Abb. 22).

Die derart kalkulierten Werte sind immer höher als die experimentell ermittelten, die Häufigkeit einer Doppelrekombination ist also viel größer, als auf der Basis der Einzelrekombinationsfrequenzen — mit dem Ausdruck 2((A · B)(B · C)) — zu erwarten wäre.

Eine ähnliche, aber genau umgekehrte, Beziehung war schon in der klassischen Genetik gefunden und als (positive) Interferenz bezeichnet worden: Die Häufigkeit von Doppelrekombinationen zwischen eng gekoppelten Markern ist geringer, als aus den Einzelhäufigkeiten errechnet werden kann. Dagegen handelt es sich bei den Phagen — ohne über den beteiligten Mechanismus etwas aussagen zu wollen — um eine (starke) negative Interferenz.

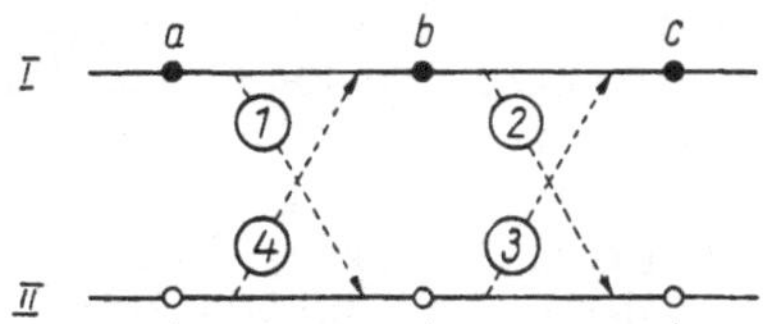

Einfache Rekombinationen:

1) a + +
2) a b +
3) + + c
4) + b c

Doppel-Rekombinationen:

1,3) a + c
4,2) + b +

Abb. 22. Erklärung im Text

Diese ist beträchtlich abstandsabhängig, sie wird um so ausgeprägter, je mehr sich der Abstand zwischen zwei Markern verringert. Bei sehr eng gekoppelten Loci — beispielsweise der rII-Region — sind Doppelrekombinanten zwanzig- bis dreißigmal häufiger, als von den Einzelereignissen zu erwarten wäre.

Heterozygotie

Unter den Nachkommen beispielsweise einer Kreuzung T2r × T2r$^+$ treten nun auch — zu etwa 2% — Phagen auf, die „gesprenkelte“ Plaques bilden. Diese Plaques gleichen völlig denen, die entstehen, wenn mit r$^+$- und r-Partikeln mischinfizierte Keime vor der Lyse mit Indikatorbakterien ausgeplattet werden. Tatsächlich kann man in beiden Fällen r$^+$- und r-Partikel isolieren, im ersten Falle sogar etwa im gleichen Verhältnis. Da überzeugend nachgewiesen werden konnte, daß diese Mischlöcher nicht etwa auf zwei verschiedene, aneinanderhaftende Phagen zurückgeführt werden können, fällt die Deutung dieses Befundes nicht schwer: Die Partikel, die solche gesprenkelten Plaques erzeugt haben, sind für den r-Locus heterozygot.

Dabei handelt es sich allerdings nicht um solche Heterozygoten, wie wir sie aus der Genetik höherer Organismen kennen: Alle Phagenheterozygoten sind partiell; wenn sie aus 2-Faktorkreuzungen stammen, sind sie meist nur für einen kleinen Abschnitt des Phagengenoms (bei T2 etwa 5 bis 10 Längeneinheiten) und damit nur für einen oder wenige enggekoppelte Marker heterozygot.

Die Häufigkeit der Heterozygoten ist bei bestimmten Phagen für alle untersuchten Loci etwa gleich: Unter den Nachkommen einer r $\times$ r^+ (oder einer ihr entsprechenden) Kreuzung von T2 befinden sich etwa 2% und von T4 etwa 1,3% Heterozygoten. Im Gegensatz zu den Rekombinanten verändert sich deren Anteil mit Fortdauer der DNS-Synthese nicht: Bei Wurfgrößen von 10 (vorreife Lyse), 250 (normale Lyse) und 1700 (Lysehemmung) sind immer 2% der Nachkommen einer T2-Kreuzung heterozygot.

Auch unter den Nachkommen eines einzelnen heterozygoten Partikels findet sich der gleiche Prozentsatz: Heterozygote vegetative Phagen erzeugen also keine heterozygoten Replikas. Statt dessen müssen bei der Kreuzung verschiedener Phagengenome mit konstanter Wahrscheinlichkeit derartige Heterozygoten entstehen und mit konstanter Wahrscheinlichkeit in diesem Zustand aus dem Pool entnommen und in reife Partikel eingebaut werden.

Unterscheiden sich die Elternpartikel in zwei Loci, so ist das Auftreten eines bestimmten Anteiles von D o p p e l - h e t e r o z y g o t e n möglich, deren Häufigkeit vom Kopplungsgrad der elterlichen Gene abhängt: Bei ungekoppelten — z. B. bei h und r7 — entspricht der Anteil der Doppelheterozygoten etwa 3% aller Partikel, die für h oder r 7 heterozygot sind (und liegt damit wie die Zahl der Doppelrekombinationen über dem Erwartungswert von 1%). Bei enggekoppelten Genen wird der Anteil natürlich viel größer und beträgt bei h × r 13 59% aller Heterozygoten.

Vermutlich entstehen die Heterozygoten dadurch, daß sich beide Elterngenome in der heterozygoten Region irgendwie überlappen. Dies könnte man sich entweder so vorstellen, daß im sonst haploiden Genom ein diploider Abschnitt vorkommt, oder so, daß das Genom von vornherein diploid ist (und beispielsweise jeder DNS-Strang einen haploiden Genomanteil darstellt), und daß in der Überlappungsregion zwei Strangstücke verschiedener Herkunft miteinander gepaart sind. Wie wir noch später sehen werden, sprechen einige Mutationsbefunde stark für das Vorliegen der zweiten Möglichkeit.

Paarweise und komplette Kooperation

Welches Bild können wir uns nun vom eigentlichen Rekombinationsakt machen?

Ziemlich sicher konnte die Frage geklärt werden, ob sich die vegetativen Phagen durch „Zweiteilung“ vermehren oder in einer Art Druckverfahren, wobei von einem vorliegenden Muster zahlreiche Kopien angefertigt werden. Durch Berechnung der nach beiden Annahmen zu erwartenden statistischen Verteilung der Klongröße von Spontanmutanten in Einzelwürfen und durch Vergleich dieser Werte mit den im Versuch ermittelten Klongrößen ergab sich, daß eine „Zweiteilung“ vorliegen muß. Allerdings vermögen diese Ergebnisse nicht zwischen der Zweiteilung ganzer Genome oder auch nur einzelner Gene zu unterscheiden.

Unter Kenntnis aller vorstehend genannter Befunde wurde die Phagenkreuzung nun als populationsgenetisches Problem behandelt. Alle vorliegenden Befunde rechtfertigen es, das ganze Rekombinationsgeschehen auf einzelne, zufällige, voneinander unabhängige, aufeinanderfolgende „Kooperationen“ zurückzuführen, die im vegetativen Phagenpool bzw. im Durchmischungsareal zwischen zufälligen Partnern stattfinden. Der Ausdruck „Partner“ wurde dabei nicht unabsichtlich gewählt: Auch die neu entstandenen Rekombinanten können als den Elternstrukturen gleichberechtigte Partner am weiteren Rekombinationsgeschehen im Pool teilnehmen.

Nimmt man weiter an, daß eine derartige Kooperation im Vergleich zur Replikationsdauer eine nur sehr kurze Zeit in Anspruch nimmt, so kann man ohne weiteres mathematische Formeln aufstellen, die eine Zweifaktorkreuzung beschreiben.

Will man aber Dreifaktorkreuzungen beschreiben, so ergibt sich die grundsätzliche Frage, ob die Rekombinantenpartikel immer nur unter der Kontrolle von zwei Elternstrukturen gebildet werden (= paarweise Kooperation, „Mating“), oder ob zu ihrer Entstehung auch mehr als zwei Elterngenome beitragen können. Diese Frage könnte prinzipiell durch Drei-Eltern-drei-Faktor-drei-Allel-Kreuzungen ($121 \times 212 \times 322$) entschieden werden. Derartige Versuche ergaben Befunde, die stark für eine Gruppenpaarung sprechen, die andererseits aber ein „Mating“ noch nicht ausschließen können.

Entsprechend kann auch über die bei einer Kooperation ablaufenden Prozesse kaum etwas ausgesagt werden. Es liegen aber auch hier zahlreiche Modellvorschläge vor, die im Folgenden kurz gestreift werden sollen.

Prinzipiell kann man zwischen den Vorstellungen unterscheiden, die Rekombination fände abhängig oder unabhängig von der Replikation der vegetativen Phagen statt. Bis vor kurzem wurde fast ausschließlich die erste Möglichkeit angenommen. Man stellte sich vor, daß ein „copy choice“, ein Matrizenwechsel stattfindet: Eine in Bildung befindliche Tochterstruktur wechselt von einer Elternmatrize auf eine andere, in der Nähe gelegene über und wird dort vollendet (Abb. 23, II—IV). Da derartige Wechsel mehrmals bei der Bildung einer Tochterstruktur stattfinden können, vermögen auch mehr als zwei Eltern an ihrer Bildung teilzunehmen, so daß eine komplette Kooperation (Abb. 23, IV) stattfindet.

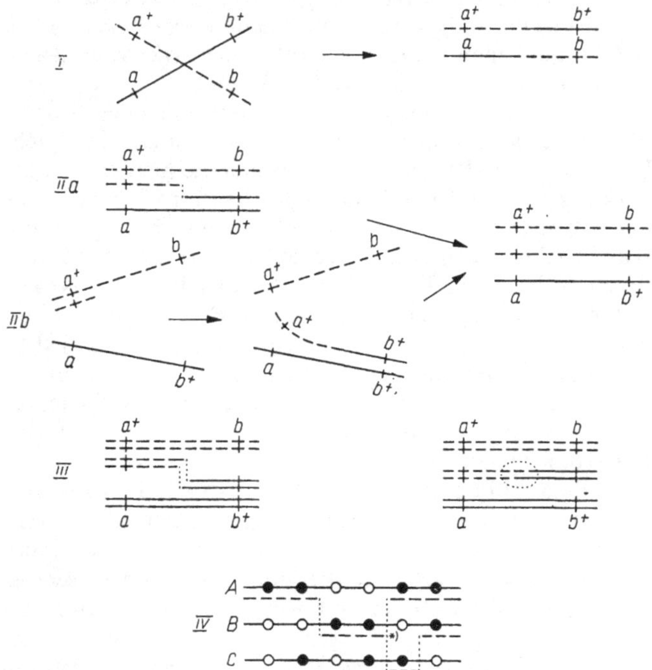

Abb. 23. Mögliche Rekombinationsmechanismen.

I. Klassisches Crossing-over-Modell, ergibt zwei reziproke Rekombinanten.

II. Partial-Replika-Modell: Eine Tochterstruktur wechselt (a) durch copy choice zu einem anderen, mit seiner Matrize völlig oder teilweise gepaarten Elterngenom oder (b) als partielle Replika zu einer frei im Pool liegenden Elternstruktur über und wird dort vollendet.

III. Partial-Replika-Modell bei Beteiligung von Doppelstrukturen. Die entstehende Rekombinante enthält eine heterozygote Region (Kreis!).

IV. Bildung einer Tochterstruktur unter Beteiligung von drei Eltern (entsprechend den Modellen IIa, IIb und III.) In Position *) kann die Tochterstruktur zum Elter A oder C überwechseln

Diese Modelle wären auch geeignet, die Multiplizitäts- und die Kreuzungsreaktivierung zu erklären. Infiziert man Bakterien mit je mehreren ultraviolett-, röntgen- oder nitritinaktivierten Phagen der geradzahligen T-Gruppe sowie einiger anderer Typen, so vermögen sie zu recht erheblichen Prozentsätzen lebende Nachkommen zu produzieren.

Aus Versuchen mit genetisch verschiedenen inaktivierten Phagen kann man schließen, daß die Nachkommenpartikel ihre Entstehung der kooperativen Mitwirkung der infizierenden inaktivierten Eltergenome verdanken: Unter den Nachkommen multiplizitätsreaktivierter genetisch verschieden markierter Phagen finden sich in sehr hohen Prozentsätzen Rekombinanten. Dies kann man leicht mit einem Partial-Replika-Modell erklären: Unter der Voraussetzung, daß von jedem Gen mindestens eine unversehrte Kopie vorhanden ist, wäre durch Matrizenwechsel die Bildung eines normalen Tochtergenoms leicht analog der oben (Abb. 23) diskutierten Typen II bis IV zu verstehen. Die besonders hohe Rekombinationsrate würde sich durch die Annahme erklären lassen, daß zur Erzeugung von lebenden Nachkommen unbedingt derartige Matrizenwechsel stattfinden müssen, und daß die von den inaktivierenden Noxen im Elterngenom induzierten Abnormitäten ein derartiges Copy choice strukturell begünstigen (vgl. Abb. 23, IV mit der Annahme, jeder nicht ausgefüllte Kreis repräsentiere einen inaktivierenden Treffer).

Ein verwandtes, auch ähnlich zu deutendes Phänomen ist die sog. „Kreuzungsreaktivierung“: Die Nachkommen von mit lebenden und inaktivierten Phagen mischinfizierten Zellen können Gene des inaktivierten Elters enthalten (sofern diese natürlich nicht selbst geschädigt sind). Da aber bei diesem Vorgang nicht der ganze inaktivierte Phage reaktiviert wird, spricht man besser von einer „Gen-Rettung“ („marker rescue“).

Schließlich darf hier nicht unerwähnt bleiben, daß sich das Genom der „B“-Phagen (Tab. 4) auch mit genetischen

Strukturen der Wirtszelle paaren dürfte. Man beobachtet sogar eine „UV-Reaktivierung“, wenn man leicht UV-bestrahlte Wirtszellen mit UV-inaktivierten B-Phagen infiziert. Nach einer bestimmten Strahlendosis vermögen sich beispielsweise nur 10^{-5} λ-Phagen in *E. coli* K12 zu vermehren, dagegen 10^{-2}, wenn die Wirtszelle ebenfalls bestrahlt wurde.

In solchen Fällen finden sich unter den Nachkommen sehr viele Mutanten, die sich oft durch mehrere Loci vom Wildtyp unterscheiden: Sie sind keine typischen Mutanten — bei denen nur die Änderung eines Locus zu erwarten ist — sondern Rekombinanten von Phagen- und Bakteriengenom.

Während sich diese Fakten unter der Annahme eines auf Copy choice beruhenden Rekombinationsaktes recht gut deuten lassen, ist im Moment noch nicht abzusehen, wie sie mit erst kürzlich beim λ-Phagen erhobenen Befunden in Einklang gebracht werden. Unter den Nachkommen von Eltern, die genetisch und mit ^{32}P bzw. mit ^{13}C und ^{15}N markiert waren und mit entsprechend nichtmarkierten λ-Phagen gekreuzt wurden, fand man Rekombinanten mit signifikanten Mengen elterlicher DNS (die sie sicher nicht dadurch erhalten hatten, daß das Elterngenom abgebaut und zur Synthese der Tochterstrukturen verwendet worden war). Außerdem fand man Rekombinanten, die mehr als 80% DNS des einen Elters enthielten, was nur damit erklärt werden kann, daß bei ihnen keine vorherige Trennung der DNS-Untereinheiten stattgefunden hat, daß sich diese „Chromosomen“ also nicht replizierten. Somit scheinen Rekombination und Replikation unabhängig voneinander stattfinden zu können. Damit ist wieder eine — zumindest formale — Analogie zum Crossing-over-Modell (Abb. 23 I) gegeben — ganz abgesehen davon, daß zahlreiche, im Abschnitt über die Replikation erwähnten Befunde (S. 60, S. 61) nun auch darauf zurückgeführt werden können, daß zwischen Eltern- und vegetativen Phagen Material ausgetauscht wurde.[1] Auch die Weitergabe großer Stücke elterlicher ^{32}P-markierter DNS (S. 60) verliert unter diesen neuen Gesichtspunkten an Bedeutung, da denkbar ist, daß der ^{32}P in den betreffenden Genomabschnitten möglicherweise subletale Schäden erzeugt, die ihre Replikations- und Rekombinationsfähigkeit beeinflussen.

Mutagenese

Die gegenwärtig sehr intensive Arbeit auf dem Gebiet der chemischen Mutationslösung bei Phagen wurde praktisch dadurch eingeleitet, daß man mit bestimmten Basenanaloga Substanzen in die Hand bekam, die nicht nur stark mutagen wirken, sondern deren Schicksal sich auch in der phageninfizierten Zelle und unter der der Nachkommenschaft verfolgen ließ.

Am meisten (und zuerst) arbeitete man dabei mit 5-Bromuracil (BU) bzw. mit seinem Desoxyribosid 5-Bromdesoxyuridin (BUDR), nachdem sehr bald nachgewiesen werden konnte, daß BU an Stelle von Thymin in die DNS aller möglichen Objekte eingebaut werden kann. In extremen Fällen kann sämtliches T durch das entsprechende Analogon ersetzt werden; mindestens 70% des T von T 2-DNS können durch BU ersetzt werden, ohne daß die Ausbeute an normalen Phagennachkommen vermindert ist.

Verständlicherweise muß für den Einbau dieser Analoga die Vorbedingung erfüllt sein, daß die Zelle nicht die

---

[1] Neuere Befunde – vgl. Anm. S. 61 – lassen einen auf Bruch- und Wiedervereinigung der DNS-Stränge beruhenden Rekombinations-Mechanismus auch für andere Phagen als wahrscheinlich erscheinen. Bei T 2 scheinen derartige Austauschvorgänge in der Regel vorzukommen, bei T 5 und λ als Ausnahme. Das stimmt mit der Erfahrung überein, daß bei T 2 Rekombinationen sehr viel häufiger sind als bei T 5 und λ.

Inkorporation der natürlichen Base vorzieht. Das kann man dadurch erreichen, daß man entweder mit Thyminmangelmutanten in thyminfreiem Nährmedium arbeitet oder die Thymidylatsynthetase durch Sulfanilamid oder andere Substanzen blockiert. So können beispielsweise prototrophe *E.-coli*-Zellen unter normalen Bedingungen 15,6% ihres Thymins durch BUDR ersetzen, nach Hemmung der Thymidylatsynthetase durch 5-Fluordesoxyuridin dagegen 51%.

Zur Analyse der mutagenen Wirkung der Basenanaloga — und auch vieler anderer Mutagene — werden bevorzugt die von ihnen induzierten Plaque-Typ-Mutanten herangezogen. Schon weiter oben war angedeutet worden, daß der r-Phänotyp von drei verschiedenen Abschnitten des Phagengenoms kontrolliert wird. Für das Gesamtgebiet der Genetik erwies sich die Tatsache als höchst bedeutungsvoll, daß die r-Mutanten dadurch in drei verschiedene Gruppen eingeteilt werden können, die sich in verschiedenen Wirtsstämmen unterschiedlich verhalten (Tab. 8). Wie aus der Aufstellung hervorgeht, werden rII-Mutanten im Gegensatz zum Wildtyp und zu den beiden anderen Mutantenstämmen vom lysogenen Bakterienstamm *E. coli* K12 (λ) nicht produziert[1]. Etwa die Hälfte bis zwei Drittel aller r-Mutanten von T4 gehören zum rII-Typ.

Dadurch ist es möglich, auch die — naturgemäß sehr geringen — Rekombinationsraten aus Kreuzungen von sehr dicht benachbarten rII-Mutanten zu erfassen, da ja jede Wildtyprekombinante auf K12 (λ) Plaques zu erzeugen vermag. So können mit diesem System noch Mutationen voneinander unterschieden werden, die nur

---

[1] In unserem Zusammenhang ist es weniger interessant, daß rII-Mutanten in K12-(λ-)Zellen nur dann keine Nachkommen produzieren, wenn sie in einem Medium mit niedriger Mg^{++}-Konzentration inkubiert sind. Aber auch unter diesen Bedingungen werden zunächst alle Schritte zur Phagenvermehrung (einschließlich der Synthese 5-HMC-haltiger DNS) eingeleitet, nach zehn Minuten aber sämtlich blockiert. Dieser Block kann durch Zusatz von bestimmten Mg^{++}-Konzentrationen aufgehoben bzw. vermieden werden.

0,016 Austauscheinheiten auf dem Chromosom entfernt sind.

Für die hier zu behandelnden Mutageneseprobleme ist aber die Tatsache noch wichtiger, daß man durch Verwendung dieses Systems natürlich auch noch sehr geringe Rückmutationsraten (unter 10^{-8}) von rII zu r^+ erfassen kann.

Damit gelang beispielsweise der Nachweis, daß die überwiegende Mehrzahl der durch BU bzw. BUDR erzeugten rII-Mutanten spontan oder nach Mutageneinwirkung mit ziemlich ähnlichen Frequenzen (meist zwischen 10^{-6} und 10^{-8}) zum Wildtyp revertieren kann.

Tabelle 8. Plaque-Typ-Morphologie von Wildtyp- und r-Phagen auf verschiedenen *E.-coli*-Stämmen (BENZER 1955)

Phagenstamm	Wirtsbakterien		
	E. coli B	K12	K12 (λ)
wild	wild	wild	wild
rI	r	r	r
rII	r	wild	–
rIII	r	wild	wild

Unter 103 BU-induzierten rII-Mutanten revertierte nur eine nicht, d. h., die Reversionsrate lag unter 10^{-8}; von 106 durch 2-Aminopurin induzierten waren lediglich zwei „stabil". Bei spontan entstandenen rII-Mutanten liegen die Verhältnisse anders: Unter 923 rII-Mutanten waren 72 stabile. Ihre Reversionsfrequenzen schwankten zwischen 5×10^{-2} und 10^{-8} und erreichten in einem Fall einen Wert von 70%. Außerdem können sie in vielen Fällen durch Mutagene nicht erhöht werden.

Nun liegt natürlich die Annahme sehr nahe, daß nur (die weiter unten genauer zu definierenden) Punktmutationen revertieren können, nicht aber größere Aberrationen, die auch in der Phagengenetik in Analogie zur klassischen Genetik als „Deletionen" bezeichnet

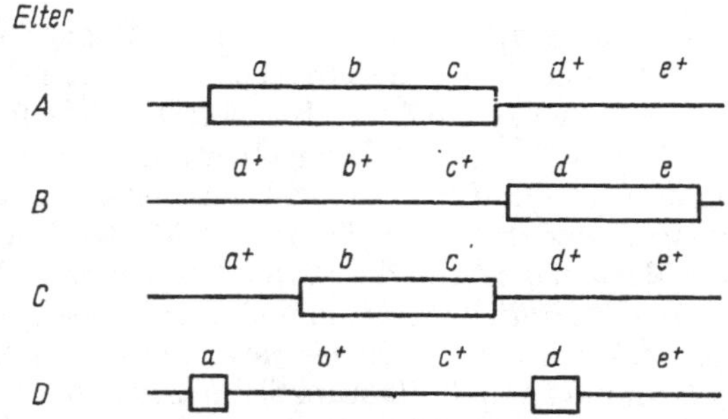

Abb. 24. Verhalten von Mutanten mit Deletionen (A, B, C) und Punktmutationen (D) bei Mischinfektion. Wildtyprekombinanten entstehen bei A × B, B × C, C × D.

werden. Tatsächlich kann man in Rekombinationsversuchen (etwa nach dem in Abb. 24 gezeigten Schema) nachweisen, daß die nicht revertierbaren Mutanten auf Deletionen, und andererseits die meisten induzierten Mutanten in der Regel nicht auf größere Genomaberrationen zurückzuführen sind.[2]

Basenanaloga

Im Folgenden soll nur noch von Punktmutationen die Rede sein. Wie schon oben erwähnt, werden diese nicht nur durch BU, sondern auch durch 2-Aminopurin erzeugt. Im allgemeinen wird durch diese Agenzien die spontane Mutationsrate, die für rII-Locus etwa 2×10^{-4} beträgt, auf das hundertfache erhöht, so daß man dann unter den Nachkommen einer Phagengeneration bis zu 2% r-Phagen nachweisen kann.

Von zahlreichen weiteren geprüften Basenanaloga erwiesen sich ferner 5-Bromdesoxycytidin, 5-Chloruracil,

[2] Bei der Untersuchung von 251 spontanen, revertierenden rII-Mutanten erwies sich, daß einige wenige revertieren, aber bei der Rekombination mit benachbarten Mutanten — die unter sich rekombinieren können — keine Wildtyprekombinanten ergeben.

5-Joduracil sowie 2,6-Diaminopurin als mutagen. Dabei liegen nicht immer so klare Verhältnisse vor wie im Falle des Ersatzes von Thymin durch BU: 5-BDC wird offenbar von der Wirtszelle in 5-BU umgebaut, denn nur diese Base konnte in der DNS 5-BDC-behandelter Bakterien und Phagen nachgewiesen werden. 2-AP wird nur in geringen Mengen direkt in die DNS inkorporiert und zum Teil von den Bakterien in Adenin und Guanin übergeführt.

Als unwirksam haben sich bis jetzt Purin und Uracil selbst, 5-Amino- und 5-Fluoruracil, mehrere Aza-, Mercapto-, Methyl- und Thioderivate, sowie andere Basenanaloga erwiesen. Daraus kann allerdings nicht geschlossen werden, daß diese Substanzen generell nicht mutagen sind, da die Befunde größtenteils nur im Reversionstest mit T4rII-Phagen erhoben wurden. Andererseits zeigen nämlich die eindeutig mutagenen Substanzen BU, BUDR und JU bei einigen Bakterienloci (Rückmutation streptomycinabhängiger *E. coli*; Mutation zur Streptomycinresistenz bei *Proteus vulgaris*) keine Erhöhung der Mutationsrate, obwohl sie nachweislich in die DNS dieser Keime inkorporiert werden.

Schon mehrmals wurde angedeutet, daß sich für die Analyse der Mutagenese durch Basenanaloga (und auch durch andere Mutagene) Reversionsversuche von rII-Mutanten zum r^+-Wildtyp mittels des *E.-coli*-K12-(λ-)-Stammes als besonders geeignet erweisen. In Tab. 9 sind die Ergebnisse von derartigen Reversionsversuchen eingetragen.

Abgesehen von der Tatsache, daß

- nur solche Mutanten zur Reversion induziert werden können, die auch zur spontanen Rückmutation befähigt sind, zeigt Tab. 9, daß
- die meisten spontanen Mutanten nicht durch 2-AP oder 5-BUDR zur Reversion induziert werden können,
- sich die meisten proflavininduzierten Mutanten in diesem Test ähnlich wie spontane Mutanten verhalten (vgl. S. 85),

- die meisten durch die Basenanaloga induzierten Mutanten durch die gleichen Substanzen revertiert werden können.

Außerdem ergaben diese Versuche, daß

- 5-BU-induzierte Mutanten meist mehr durch 2-AP als durch 5-BUDR, und umgekehrt 2-AP-induzierte mehr durch 5-BUDR als durch 2-AP revertiert werden können.

Schließlich konnte begründet nachgewiesen werden, daß

- zumindest die meisten Reversionen tatsächlich echte Rückmutationen zum entsprechenden Wildtyp darstellen.

Überlegen wir zunächst, wie nach diesen Befunden der Mechanismus der BU-Mutagenese gedeutet werden kann. Klar ist, daß der Einbau von BU an Stelle von T allein nicht mutagen ist — sonst müßten in den Fällen, wo das meiste T durch BU ersetzt ist, derart viele Mutationen in jedem Partikel oder Organismus auftreten, daß praktisch keine lebensfähigen Nachkommen resultieren sollten.

Vielmehr sprechen alle vorliegenden Befunde sowie theoretische Erwägungen dafür, daß das inkorporierte BU verhältnismäßig häufig von der normalen keto- in die seltene enol-Form übergeht und in dieser Form stabiler sein dürfte als T. Dadurch kann sich dann bei der nächsten Replikation eine „falsche" Base anlagern (Abb. 25). Übrigens wurde schon bei der Entwicklung des DNS-

Tabelle 9. Induktion der Reversion durch 5-Bromdesoxyuridin und 2-Aminopurin bei spontan revertierenden T4rII-Mutanten (FREESE 1959)

Revertierbare Mutanten, entstanden in Gegenwart von	Gesamtzahl	Induzierbar %	Nicht induzierbar %
Spontan	110	14	86
5-BU	64	95	5
5-BUDR + 4x Thymidin	100	80	20
2-AP	98	98	2
Proflavin	55	2	98

5-Bromuracil paart sich

mit Adenin in der keto-Form

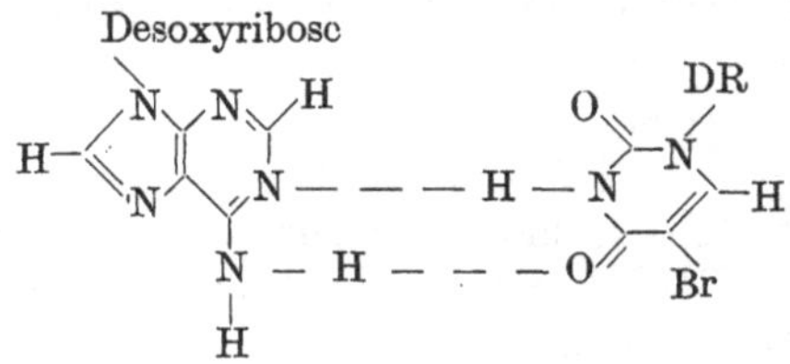

mit Guanin in der seltenen enol-Form

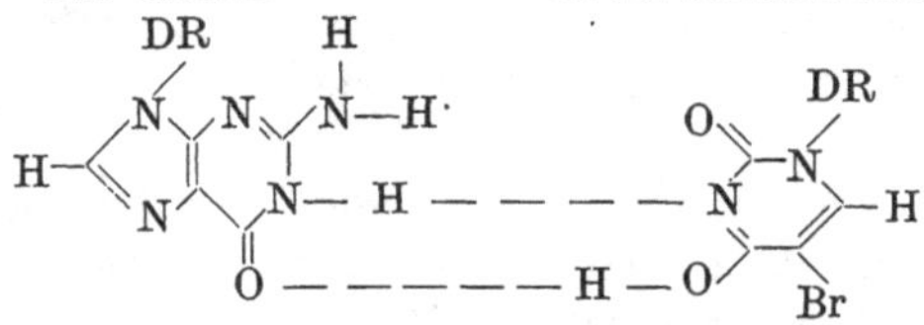

2-Aminopurin paart sich

in der amino-Form mit Thymin

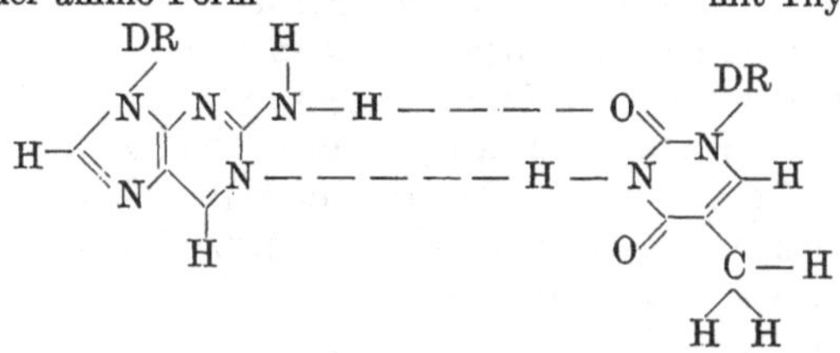

in der amino-Form mit Cytosin

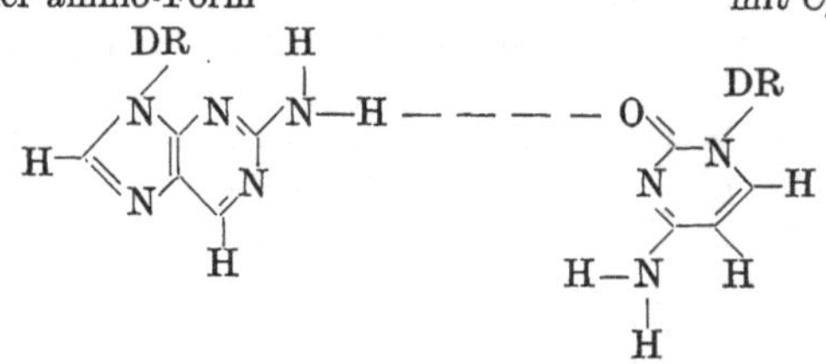

in der seltenen imino-Form mit Cytosin

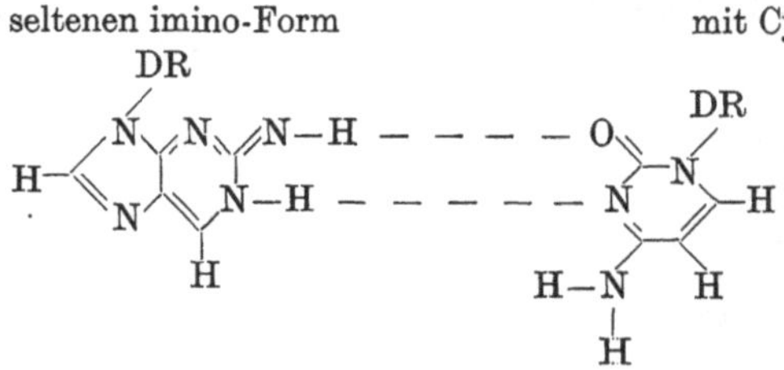

Abb. 25. Erklärung im Text

Duplex-Modelles theoretisch erwogen, daß derartige tautomere Umlagerungen zu falschen Basenpaarungen führen und dadurch Mutationen auslösen können.

Demnach könnte man sich die 5-BU-Mutagenese folgendermaßen vorstellen (Abb. 26): Die erste DNS-Replikation erlaubt den Einbau von BU a) in der keto-Form an Stelle von T oder b) in der enol-Form an Stelle von C[3]. Bei der zweiten Replikation kann an BU a) infolge tautomerer Umlagerung in die enol-Form G oder

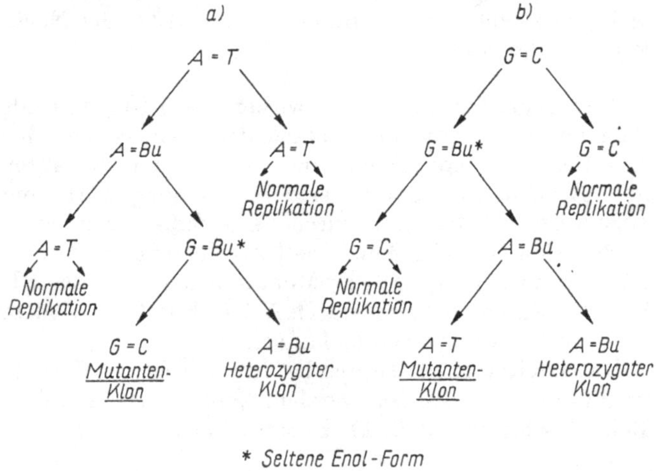

Abb. 26. Mutagenese durch falsche Basenpaarung mit 5-Brom-Uracil. a = Replikationsfehler, b = Inkorporationsfehler

b) infolge Zurückschlagens in die keto-Form A angelagert werden. Bei der dritten Replikation bildet sich dann in jedem Falle ein stabiler Mutantenklon heraus, der a) an Stelle eines AT-Paares ein GC-Paar oder b) an Stelle eines GC-Paares ein AT-Paar besitzt. (Wie im Zusammenhang mit der mutagenen Wirkung alkylierender Sub-

[3] Beziehungsweise von 5-HMC. Wenn auch im Folgenden von C die Rede ist, gilt das gleiche für 5-HMC.

stanzen auf S. 89 noch zu berichten sein wird, dürfte der Fall b) häufiger vorliegen.) Fall a) kann als Replikations-, b) als Inkorporationsfehler bezeichnet werden.

Nach BU-Behandlung von T4 werden auch „gesprenkelte" Plaques gebildet, die beide Nachkommentypen enthalten. Diese Plaques dürften entweder auf Partikel mit dem Basenpaar G=BU oder, seltener, mit A=BU zurückzuführen sein. Außerdem konnte nachgewiesen werden, daß der Heterozygotenprozentsatz mit zunehmender Einwirkungszeit des Mutagens immer geringer wird, während er zu sehr frühen Zeiten bis zu 80% der Nachkommen umfassen kann.

2-Aminopurin muß ähnlich wirken wie 5-BU, da beide Substanzen in erster Linie Punktmutationen erzeugen, bei revertierenden spontanen und induzierten Mutanten hohe Reversionsraten induzieren können, und da AP- und BU-induzierte Mutanten durch beide Substanzen revertierbar sind. Dabei scheint die Tatsache einen wichtigen Hinweis zu liefern, daß AP-Mutanten besser durch BU und BU-Mutanten besser durch AP als durch das andere Analogon revertiert werden können.

Unterstellt man, daß durch BU in erster Linie GC-Paare in AT-Paare verwandelt werden, könnte man aus dem Befund schließen, daß AP hauptsächlich AT durch GC ersetzt:

$$\begin{matrix} G \\ C \end{matrix} \xrightarrow{\text{BU}} \begin{matrix} A \\ T \end{matrix} \xrightarrow{\text{AP}} \begin{matrix} G \\ C \end{matrix}$$

Tatsächlich müßte sich 2-AP im normalen amino-Status mit Thymin und nach einer tautomeren Umlagerung in der imino-Form mit Cytosin paaren können (Abb. 25). Außerdem kann sich 2-AP auch im normalen amino-Status unter Ausbildung einer H-Brücke mit Cytosin paaren. Man könnte sich dann die AP-Mutagenese genauso wie den BU-Mechanismus vorstellen (Abb. 27). Nach den Reversionsbefunden müßte dann AP vorwiegend nach Modell a) wirken. Außerdem müßte AP mutagener als BU sein, da hier ja schon ohne tautomere Umlagerung falsche Basenpaarungen möglich sind und häufiger auftreten dürften. Tatsächlich liegen in Reversionsversuchen die AP-Raten über den BU-induzierten.

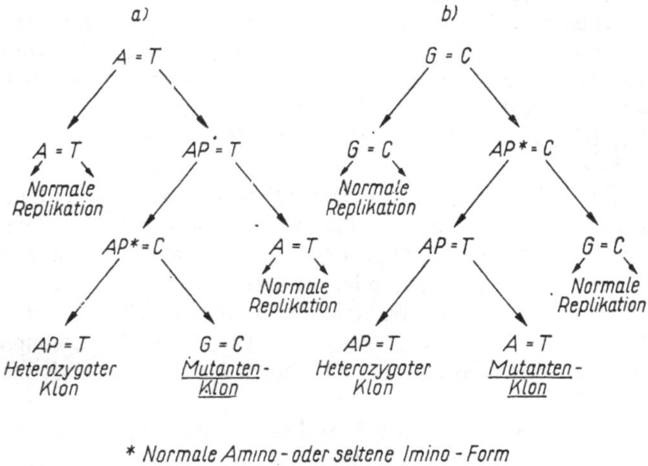

Abb. 27. Mutagenese durch falsche Basenpaarung mit 2-Amino-Purin. *a* = Replikationsfehler, *b* = Inkorporationsfehler

Damit wäre ein wichtiger Mutagenesemechanismus entdeckt, der — wie später zu zeigen ist — ziemlich universell zu sein scheint. Zusammenfassend wäre er durch die Formel zu charakterisieren, daß immer ein Purin durch ein Purin und ein Pyrimidin durch ein Pyrimidin ersetzt wird. Dieser Mechanismus sei im Folgenden als „Transition" gekennzeichnet.

Spontane und Proflavinmutationen

Beim Betrachten der Tabelle 9 fällt auf, daß nur wenige Prozent der spontan entstandenen und durch Proflavin

(3,6-Diamino-Akridin) induzierten rII-Mutanten durch 5-BU und 2-AP zur Reversion induziert werden können. (Einige Basenanalogmutanten konnten durch diese Substanzen ebenfalls nicht revertiert werden: Vermutlich stellen sie den in derartigen Versuchen nie ganz auszuschließenden Anteil an Spontanmutanten dar.)

Außerdem konnte in anderen Versuchen nachgewiesen werden, daß proflavininduzierte (PF) sowie 85% der spontanen rII-Mutanten durch PF revertiert werden können, während PF andererseits nicht in der Lage ist, BU- und AP-Mutanten zur Rückmutation zu veranlassen.

Das läßt zwingend vermuten, daß außer der Transition noch ein zweiter Mutagenesemechanismus vorliegen muß, der bei etwa 90% der spontanen und bei nahezu allen durch Proflavin oder andere Akridine (5-Aminoakridin) induzierten Mutationen in Aktion tritt. Da auch bei dieser Klasse von Mutanten spontane Reversionen möglich sind, muß es sich ebenfalls um Punktmutationen handeln.

Deshalb wird diskutiert, daß es sich in diesem Falle um die „Transversion" eines Nukleotidpaares handelt, wobei ein Purin durch ein Pyrimidin ersetzt wird und umgekehrt. Dadurch werden mehrere Umwandlungen möglich:

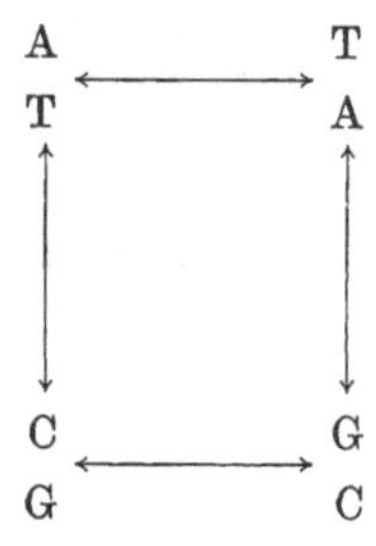

Für die Wirkung der Akridine wird aber noch ein anderer Mechanismus diskutiert. Vermutlich werden diese Substanzen nämlich dadurch an die DNS gebunden, daß sie zwischen benachbarte Basenpaare eingeschoben werden und deren Abstand dadurch von 3,4 Å auf 6,8 Å erweitern. Findet solch ein Vorgang während der Replikation in einem DNS-Strang statt, müßte der Einbau oder ein Verlust einer Base (und damit eines Basenpaares in der Duplex) möglich sein.

Eine derartig grobe Störung der Basensequenz dürfte nach den über den Coding-Mechanismus vorhandenen Vorstellungen zu sehr schwerwiegenden Änderungen in der Struktur des vom entsprechenden Gen kontrollierten Proteins führen. Demnach dürfte Akridin in Loci, die essentielle Proteine kontrollieren, „Letalmutationen" auslösen, da sie ohne diese Proteine nicht lebensfähig sind. Tatsächlich sieht es so aus, als ob Akridine keine vitalen o- und h-Mutationen zu erzeugen vermögen; d. h., es werden durch PF im Verhältnis zu Basenanaloga so wenig induziert, daß die nachgewiesenen durchaus spontanen Ursprungs sein können. Andererseits gelang es, mit BUDR sechs spontane h^+-Mutanten zu revertieren (bei spontanen rII-Mutanten waren es dagegen nur 15%), während die fünf bis jetzt geprüften mit PF nicht revertiert werden konnten. Das von dem r-Locus kontrollierte Protein dürfte dagegen nicht in die reifen Partikel eingebaut werden, so daß hier PF-induzierte Mutationen auch in lebenden Phagen registriert werden können.

Nach dieser Theorie könnten wenigstens die durch PF induzierten Reversionen keine echten Rückmutationen sein. Solange dies aber nicht glaubhaft nachgewiesen worden ist, und solange nicht weiteres Material über die Akridinmutagenese vorliegt, stellt die Vorstellung über Transition und Transversion als entscheidende Mutagenesemechanismen zumindest eine sehr gute Arbeitstheorie dar, mit der — wie jetzt zu zeigen sein wird — auch die mutagenen Effekte anderer Noxen recht gut interpretiert werden können.

Mutagene Wirkung alkylierender Substanzen

Phagenmutationen werden auch mit alkylierenden Agenzien — Verbindungen, die einen Alkylrest auf andere Moleküle übertragen können — ausgelöst. Diese Substanzen gehören ja zu den am längsten bekannten chemischen Mutagenen: Schon 1944 wurden mit dem Kampfstoff Lost Mutationen bei *Drosophila* erzeugt. Da dies damals sonst nur mit ionisierenden Strahlen gelang, und da Lost und ähnliche Verbindungen (S- und N-Loste, Epoxyde, Äthylenimine, Methansulfonsäureester usw.) neben der Erzeugung von Genmutationen und Chromosomenbrüchen weitere charakteristische Eigenschaften, vor allem tumorinduzierende und -hemmende Wirkung mit den ionisierenden Strahlen gemeinsam haben, werden solche Substanzen oft als „Radiomimetika“ bezeichnet.

Zahlreiche Beobachtungen lassen zwingend vermuten, daß auch die Radiomimetika direkt durch Angriff an der DNS mutagen wirken. In diesem Zusammenhang wird diskutiert, daß durch Triesterifizierung der Phosphatgruppen das Phosphat-Zucker-Grundgerüst des Polynukleotids gespalten werden könnte. Das wäre im Prinzip der gleiche Vorgang, wie er auch durch Zerfall von inkorporiertem ^{32}P hervorgerufen wird. ^{32}P-Zerfall erwies sich bis jetzt zwar bei Bakterien, aber nicht bei Phagen als mutagen.

Plausibel erscheint ein anderes, experimentell recht gut gesichertes Modell, demzufolge Guanin alkyliert und abgespalten wird, worauf bei der Replikation an dessen Stelle wieder Guanin oder ein anderes Purin (= „Transition“) oder auch ein Pyrimidin (= „Transversion“) eingebaut wird. Daraus würde sich im Gegensatz zum ersten Modell eine hohe Mutagenspezifität ergeben. Tatsächlich können

- mit Äthylmethansulfonat (EMS) induzierte Mutanten durch EMS nicht,

- mit Äthyläthansulfonat (EES) nur Mutanten, die mit 2-AP induziert worden waren, nicht aber 5-BU-Mutanten revertiert werden.

Außerdem konnte sowohl in in-vitro-Untersuchungen über die Alkylierung von DNS und RNS mit markiertem S-Lost als auch in vivo mit Bakterien und Tumorzellen nachgewiesen werden, daß fast ausschließlich Guanin alkyliert und von der DNS abgespalten wird. (Übrigens führt man deshalb neuerdings die zytostatische Wirkung derartiger Substanzen mindestens zum Teil darauf zurück, daß das entstandene 7-Alkylguanin als Antimetabolit wirkt.)

Hauptsächlich würde also — wenn diese Befunde schon verallgemeinert werden können — die Alkylierung folgenden Basenpaar-Austausch induzieren

$$\begin{matrix} G \\ C \end{matrix} \longrightarrow \begin{matrix} A \\ T \end{matrix},$$

der dann natürlich durch dasselbe Agens nicht revertierbar ist.

Weiter erlauben die unterschiedlichen Reversionsbefunde hinsichtlich der 2-AP- und 5-BU-Mutagenese den Schluß (vorausgesetzt, daß die Reversionen tatsächlich Rückkombinationen zum Wildtyp darstellen), daß

5-BU $\begin{matrix} G \\ C \end{matrix}$ in $\begin{matrix} A \\ T \end{matrix}$ und 2-AP $\begin{matrix} A \\ T \end{matrix}$ in $\begin{matrix} G \\ C \end{matrix}$ umtauscht.

Die 5-BU-Mutagenese müßte also entsprechend dem in Abb. 26b diskutierten Modell verlaufen, die AP-Mutagenese entsprechend Abb. 27a.

Die gleichen Überlegungen gelten für eine „Depurinisierung" durch Inkubation bei niedrigem p_H. Sehr wahrscheinlich wird auch in p_H-4-Medium zunächst Guanin aus der DNS abgespalten (Mutanten, die durch 2-AP erzeugt worden waren, können sowohl durch EES als auch durch ein p_H-4,2-Milieu revertiert werden).

Außer derartigen Transitionen sollten alkylierende Substanzen (und niedriger p_H) auch Transversionen induzieren können, dann nämlich, wenn gegenüber der durch die Abspaltung von G entstandenen Lücke in der Tochter-DNS ein Pyrimidin inkorporiert wird. Tatsächlich können etwa 25% der mit EES und bei p_H 4,2 erzeugten rII-Mutanten durch Behandlung mit Basenanaloga nicht revertiert werden (obwohl sie fast alle spontan rückmutieren), diese Mutationen beruhen also zumindest nicht auf Transitionen. Andererseits gelingt es, mit diesen Noxen einige — spontan revertierbare — Mutanten zu revertieren, die keine Transitionen darstellen und die durch Transitionen verursachende Agenzien nicht revertierbar sind. Diese Mutanten dürften ursprünglich durch Transversion eines Pyrimidin-Purin-Paares in ein G-C-Paar (oder eines Pu-Py-Paares in ein C-G-Paar) entstanden sein.

Daneben wird diskutiert, daß nach Verlust des 7-Alkylguanins oder nach Verlust zweier Guanin-Nukleotide infolge der Einwirkung einer bifunktionellen alkylierenden Substanz und nach anschließender Duplikation des behandelten DNS-Moleküls Deletionen auftreten, die jeweils ein G-C-Paar umfassen. Dann dürften aber Mutationen, die durch diese Substanzen erzeugt wurden, grundsätzlich nicht revertierbar sein. Außerdem kann mit dieser Vorstellung schwierig der Befund interpretiert werden, daß EES 2-AP-Mutanten revertieren kann.

Schließlich wurden an Bakterien Befunde erhalten, wonach Triäthylenmelamin (TEM) nicht direkt auf die DNS, sondern auf deren Bausteine einwirkt. Chromatographisch und spektrophotometrisch konnte außerdem gezeigt werden, daß das TEM nicht wie N-Lost, Dimethyl- und Diäthylsulfat und andere Radiomimetika mit Purinen, besonders Guanin, und ihren Derivaten reagiert, sondern mit Pyrimidinen. Dabei scheint der TEM-Deoxycytidin-Komplex unwirksam zu sein, während in vitro gebildetes TEM-Thymidin etwa doppelt so stark mutagen wirkt wie ein entsprechendes TEM-Vergleichspräparat. Das TEM-Thymidin dürfte dann als Basenanalogon in die DNS eingebaut werden und dort eine falsche Basenpaarung veranlassen.

Mutagene Wirkung von salpetriger Säure

Ein weiteres, erst kürzlich entdecktes, Mutagen ist die salpetrige Säure, die in angesäuerten Nitrit- (z. B. $NaNO_2$-) Lösungen wirksam wird. Dieses Agens erwies sich sowohl bei RNS-Viren, bei Phagen und Bakterien und sogar auf transformierende *Pneumokokken*-DNS in vitro als mutagen, und in all diesen Fällen konnte eine direkte Beeinflussung der Basen der Nukleinsäure als

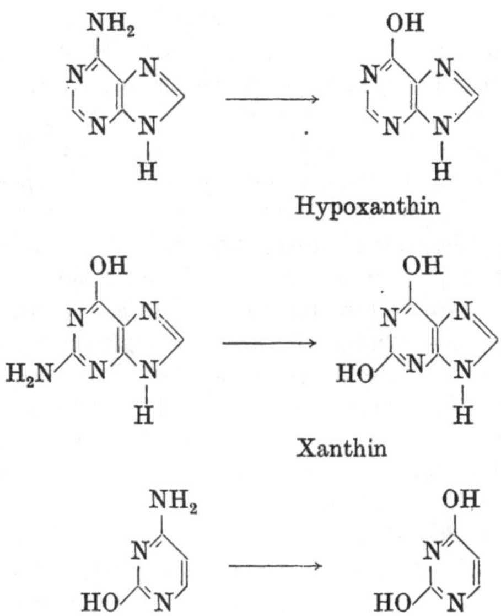

Adenin — Hypoxanthin

Guanin — Xanthin

Cytosin — Uracil

Abb. 28. Oxydative Basendesaminierung

verantwortliche Reaktion wahrscheinlich gemacht werden: Die Aminobasen Adenin, Guanin und Cytosin werden desaminiert und in die entsprechenden Oxybasen Hypoxanthin, Xanthin und Uracil übergeführt (Abb. 28).

In Versuchen mit T2 und T4 konnte gezeigt werden, daß Desaminierung einer einzigen chemischen Gruppe (höchstwahrscheinlich der Aminogruppe eines Nukleotids) zur Inaktivierung ausreicht (abgesehen davon, daß ein kleiner Teil der Inaktivierungen auf Proteinveränderungen zurückgeführt werden muß), und daß eine einzige Desaminierung mutagen wirken kann. Entsprechend dieser Eintrefferkinetik entstehen bei in-vitro-Behandlung dieser Phagen nicht nur reine Mutantenklone, sondern auch zahlreiche Heterozygoten, die wieder gesprenkelte Plaques erzeugen. Andererseits treten die Mutanten nach in-vitro-Behandlung von ΦX 174 in reinen Klonen auf — ein Befund, der überhaupt nicht überrascht: ΦX 174 besitzt eine einsträngige DNS, es können also nur abgeänderte und normale Phagen, aber keine Heterozygoten aus der Behandlung hervorgehen!

Mittels indirekter Methoden gelang der Nachweis, welche DNS-Bausteine im Verlaufe der Mutagenese durch salpetrige Säure desaminiert werden. Ändert man nämlich das p_H im Reaktionsgemisch von salpetriger Säure und DNS, so verschieben sich mit der Dissoziation die Reaktionsgeschwindigkeiten der einzelnen Basentypen relativ verschieden zueinander. Aus dem Vergleich dieser Verschiebungen mit der entsprechenden Veränderung der mutagenen Wirksamkeit bei der Behandlung mit T2 kann man nun ableiten, daß die Desaminierung von Adenin oder Cytosin mutagen, eine Desaminierung von Guanin letal wirken kann.

Das würde bedeuten, daß A–T-Paare (über die Zwischenstufen HX–T und HX–C) in G–C-Paare, G–C-Paare (über G–U, A–U) in A–T-Paare „umgewandelt" werden. Diese Vorstellung wird dadurch erhärtet, daß mit salpetriger Säure induzierte T4-Mutanten durch das gleiche Agens revertiert werden können, und daß salpetrige Säure im

Reversionstest nicht zwischen solchen Mutanten zu „unterscheiden" vermag, die durch 5-Bromuracil oder 2-Aminopurin erzeugt worden waren.

In diesem Zusammenhang sei noch die mutagene Wirkung des Hydroxylamins (HA) erwähnt, die in erster Linie auf eine Reaktion dieser Substanz mit Cytosin bzw. 5-Hydroxymethylcytosin zurückzuführen sein dürfte[4]. Bei der Induktion von Reversionen durch HA zeigt sich eine klare Spaltung in stark und wenig induzierbare T4rII-Mutanten. Im letzteren Falle dürfte — was selten geschieht — HA mit Thymin reagiert haben, während bei den gut revertierbaren Mutanten die Transition eines G–C-Paares in ein A–T-Paar stattfinden sollte. Das wird dadurch bestätigt, daß z.B. AP-Mutanten mit HA gut revertiert werden können, die auch durch salpetrige Säure, Äthyläthansulfonat und Herabsetzung des p_H revertierbar sind.

Strahleninduzierte Mutagenese

Hinsichtlich der durch ultraviolette und ionisierende Strahlen induzierten Mutagenese kann gegenwärtig nicht viel gesagt werden, zumal aus Untersuchungen an Phagen bisher noch keine Befunde vorliegen, die eine Identifizierung der dabei ablaufenden Mechanismen erlauben.

Mit ionisierenden Strahlen wurden kaum entsprechende Untersuchungen vorgenommen. In unserem Zusammenhang sei deshalb nur die Tatsache erwähnt, daß γ-Strahlen in vitro geringe, aber signifikante Mengen Adenin in Hypoxanthin überführen können. Sollte dies auch in vivo vor sich gehen, dann müßte dieser Effekt wie die Behandlung mit salpetriger Säure die Transition eines A–T-Paares in ein G–C-Paar zur Folge haben.

Aber sicherlich ist eine derartige Desaminierung nicht der einzige mutationsauslösende Mechanismus, der durch Behandlung mit ionisierenden Strahlen eingeleitet wird

[4] Das hat vermutlich eine Desaminierung zur Folge. Bei der RNS des Tabak-Mosaik-Virus reagiert neben C auch U mit HA.

— wie auch die ultravioletten Strahlen ganz sicher auf verschiedenen Wegen mutagen wirken können. Einesteils kann man — bei bis jetzt allerdings sehr wenigen Phagentypen — durch UV-Bestrahlung in vitro Mutationen induzieren, andererseits müssen entweder der Wirt, oder Wirt und Phage bestrahlt werden, um genetisch fixierte Änderungen zu erhalten. Diese „Mutationen“ dürften aber mindestens zum Teil auf Rekombinationen zwischen Phagen- und Bakteriengenom beruhen (vgl. S. 74).

Aus zahlreichen an anderen Systemen sowohl in vitro als auch in vivo gewonnenen Befunden wissen wir heute sicher, daß ultraviolette Strahlen verschiedenartige Ver-

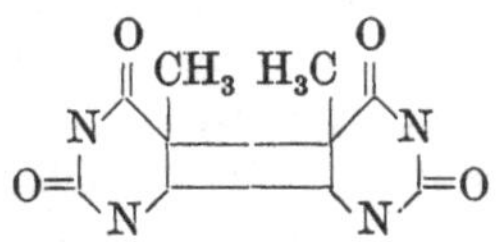

Abb. 29. Struktur des durch UV-Bestrahlung erzeugten Thymin-Dimers (WACKER, DELLWEG und LODEMANN 1961)

änderungen der DNS und vor allem ihrer Bausteine (Nukleotide) hervorrufen können. Von diesen Effekten ist die Dimerisierung je zweier benachbarter Thymin- oder Cytosinbasen besonders interessant. In einem solchen Dimer (Abb. 29) ist nämlich die 5,6-Doppelbindung aufgehoben, und es liegen begründete Anhaltspunkte für die Vermutung vor, daß dies die Tendenz der beiden Thymine, sich bei der Replikation mit Adenin zu paaren, ändern könnte.

Man ist sehr geneigt, vor allem die Mutationsauslösung bei in vitro bestrahlten Phagen auf derartige spezifische DNS-Defekte zurückzuführen, zumal nachgewiesen werden konnte, daß dabei — zumindest auch — Punktmutationen entstehen, und nach der Bestrahlung auch Heterozygoten entdeckt werden konnten. Diese Tatsachen wären sehr schwer mit anderen Vorstellungen in Einklang zu bringen, die man im Zusammenhang mit der strahleninduzierten Mutagenese bei Mikroorganismen diskutiert, und wo man einerseits eine Beeinflussung der DNS-Synthese oder der Primer-Aktivität oder aber einen Effekt auf essentielle RNS-Strukturen der Zelle erwägt.

Das Gen

Wir hatten oben gehört, daß es drei Gruppen von r-Mutanten gibt, wobei Mutanten der rII-Gruppe von *E. coli* K12 (λ) bei niedrigen Mg^{++}-Konzentrationen nicht vermehrt werden. Im vorstehenden Kapitel war schon gezeigt worden, wie bedeutsam die Tatsache für die Analyse der Mutagenesemechanismen ist. Im Folgenden soll nun dargestellt werden, wie mit Hilfe dieses Systems auch unsere Vorstellungen von der Natur des Gens revidiert werden konnten.

Unter Genen verstand man bisher bekanntlich Einheiten, die auf den Chromosomen spezifische Loci einnehmen, sich durch bestimmte physiologische Wirkungen charakterisieren lassen, die durch Crossing over trennbar sind und die mehr oder weniger unabhängig voneinander mutieren können.

Diese Vorstellungen resultierten aus den Ergebnissen von Versuchen, in denen nur eine begrenzte Zahl von biologischen Objekten (höchstens 10^5) genetisch analysiert werden konnte. Deshalb kam der klassische Genbegriff schon ins Wanken, als man mit Verfeinerung des Auflösungsvermögens vor allem die Pseudoallele entdecken und näher charakterisieren konnte, eng gekoppelte Loci mit ähnlichen phänotypischen Wirkungen, die zum Teil — mit allerdings sehr geringen Prozentsätzen — rekombibiniert werden konnten. Mit der eingehenden Analyse des rII-Locus vor allem bei Phagen T4 hat diese Entwicklung vorläufig ein Ende gefunden.

Die neuen Einheiten

Schon aus den bisher behandelten Ergebnissen — vor allem aus der Mutationsforschung — ergibt sich, daß das Gen keinesfalls mehr als Einheit der Mutation charakterisiert werden kann: Jedes Gen enthält viele Loci, die mehr oder weniger unabhängig voneinander mutieren können. Die entstandenen Mutanten unterscheiden sich durch eine jeweils spezifische Rückmutationsrate, durch den Grad ihrer „Undichte" (leakiness)[1] sowie dadurch, ob sie einem bestimmten Ambivalenztyp[2] zugeordnet werden können. Man schlägt deshalb vor, die Einheit der Mutation neu zu definieren und als „Muton" das kleinste Element zu bezeichnen, das in veränderter Form einen mutierten Phänotyp des Organismus verursachen kann.

Außerdem war schon im Rekombinations-Kapitel angedeutet worden, daß innerhalb solcher „Gene im klassischen Sinne" Rekombinationen stattfinden können: Wird eine *E.-coli*-B-Zelle mit zwei verschiedenen rII-Mutanten infiziert, so treten unter der Nachkommenschaft einige Wildtyprekombinanten auf, die mit dem Indikatorstamm K 12 (λ) sehr leicht identifiziert werden können. Der Anteil dieser Rekombinanten ist natürlich von der Lage der Elternmutanten auf der Chromosomenkarte abhängig und ist beispielsweise von r 145 $\times$ r 164 sehr viel höher als nach einer Kreuzung der beiden eng beieinander liegenden Mutanten r164 und r125.

Das klassische Gen ist also auch nicht mehr „Einheit der Rekombination". Diese Einheit muß vielmehr individuell als kleinstes Segment des eindimensionalen Genoms definiert werden, das durch genetische Rekombination austauschbar, aber nicht teilbar ist. Für diese Einheit wurde der Name „Recon" vorgeschlagen.

Infiziert man *E.-coli*-K 12-(λ-)Zellen direkt mit zwei rII-Mutanten, erhält man Ergebnisse, die von den eben beschriebenen stark abweichen: Nach Mischinfektion mit

---

[1] Als „undicht", „leaky", bezeichnet man solche rII-Mutanten, die auch nach Infektion von K 12 (λ) einige wenige Nachkommenpartikel erzeugen. Der Anteil der infizierten Bakterien, die solche Nachkommen produzieren, variiert von hundert bis auf weniger als ein Prozent und ist für jede Mutante charakteristisch.

[2] Ambivalente rII-Mutanten werden von jeweils einem *E.-coli*-K 12-(λ-)Stamm vermehrt. Bis jetzt wurden drei verschiedene Ambivalenztypen entdeckt. Vgl. S. 114.

r164 und r145 lysiert keine einzige Zelle — während mit r164 und rB125 infizierte Zellen normale Phagenausbeuten liefern! Diese Nachkommenpartikel sind aber fast ausschließlich vom Typ der Elternphagen — es handelt sich hier also nicht um einen Vorgang, der auf einer Rekombination beruht.

Andererseits wird auch dann eine normale Ausbeute an beiden Phagentypen beobachtet, wenn K12 (λ) mit einer dieser rII-Mutanten und mit einem Wildtyppartikel infiziert wird. Offensichtlich kann ein normaler Phage der Mutante irgendwie „helfen", den die Produktion von Nachkommen verhindernden Block auch ohne Zugabe hoher Mg^{++}-Konzentrationen (vgl. Anm. S. 77) zu umgehen. Daraus kann man schließen, daß sich bei der Kreuzung r164 × rB125 auch beide Mutanten irgendwie gegenseitig unterstützen können, während dies bei der Kreuzung r164 × r145 nicht möglich ist.

Dabei fallen enge Parallelen zu Befunden auf, die von der klassischen Genetik bei der Untersuchung der „Pseudoallele" gemacht wurden: Sind zwei mutierte Pseudoallele in demselben Chromosom lokalisiert, so zeigt der betreffende diploide Organismus Wildtypcharakter. Dagegen resultiert ein Mutantenphänotyp, wenn beide Mutationen auf beide Chromosomen verteilt sind. Im ersten Fall, der cis-Form, liefert das zweite Chromosom die erforderliche(n) unversehrte(n) Funktionseinheit(en). In der trans-Form ist nur dann ein wilder Phänotyp zu erwarten, wenn beide Mutationen getrennte funktionelle Einheiten betreffen.

Diesen Test kann man natürlich auch bei Phagen anwenden, indem man die diploide Heterozygote durch Mischinfektion mit zwei Phagentypen nachahmt. Mit diesem „cis-trans-Test" konnte nun nachgewiesen werden, daß die oben erwähnten unerwarteten Mischinfektionsbefunde darauf beruhen, daß die rII-Region aus zwei unabhängigen funktionellen Einheiten besteht. Ihr Nachweis gelingt durch Prüfung nach folgender Methode (Abb. 30): Produziert eine mit zwei verschiedenen rII-

Mutanten infizierte K12-(λ-) Zelle Nachkommen, so liegen beide Mutanten in verschiedenen Funktionseinheiten. Werden dagegen keine Phagen produziert, dann waren beide Elternpartikel in demselben Abschnitt mutiert.

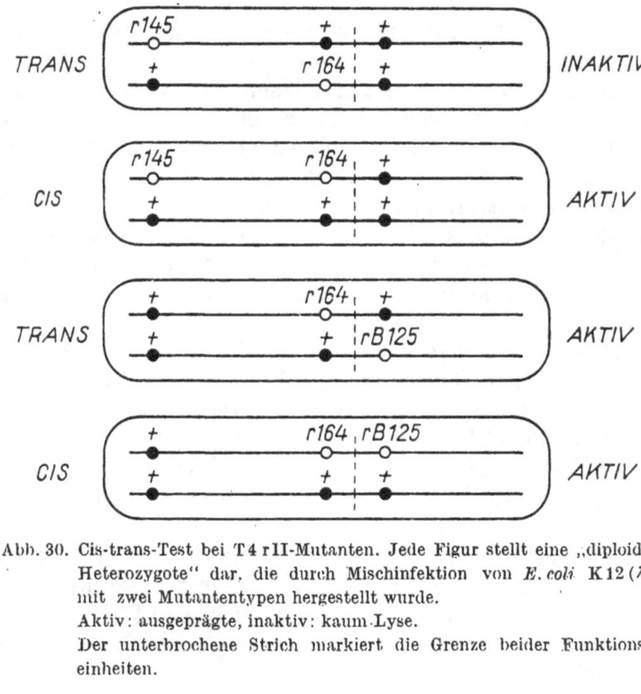

Abb. 30. Cis-trans-Test bei T4 rII-Mutanten. Jede Figur stellt eine „diploide Heterozygote" dar, die durch Mischinfektion von *E. coli* K12 (λ) mit zwei Mutantentypen hergestellt wurde.
Aktiv: ausgeprägte, inaktiv: kaum Lyse.
Der unterbrochene Strich markiert die Grenze beider Funktionseinheiten.

Die meisten rII-Mutanten lassen sich einer dieser beiden Untereinheiten zuordnen; einige Deletionen können sich auch ganz oder teilweise über beide erstrecken. In Rekombinationsversuchen konnte außerdem eindeutig nachgewiesen werden, daß diese beiden Untereinheiten auch auf der Genkarte distinkt darzustellen sind: Alle Mutanten der einen Untereinheit (A) liegen im — größeren — linken Bereich der rII-Region, alle Mutanten der Untereinheit B liegen rechts. In keinem Fall liegt eine B-Mutante im Bereich A, ebenso wie keine A-Mutante im Abschnitt B lokalisiert werden kann.

Gleichzeitig bedeutet das aber, daß auch die klassische Vorstellung vom Gen als „Einheit der Funktion“ nicht mehr aufrechtzuerhalten ist, denn als Funktionseinheit stellt sich nun hier das im cis-trans-Test zu erfassende „Cistron“ dar.

Feinstrukturanalyse

Derartige Definitionen haben natürlich nur dann Wert, wenn sie experimentell untermauert werden können, und wenn man mit ihnen die vorliegenden Befunde besser interpretieren kann als mit den alten Vorstellungen.

Mit einer Anzahl von Mutanten könnte beispielsweise die obere Grenze des Recons ermittelt werden: Sie muß gleich oder kleiner sein als der geringste Abstand, der zwischen Mutantenpaaren beobachtet werden kann. Auch von Muton läßt sich nur die obere Grenze berechnen. Sie ist durch die Differenz gegeben, mit der sich der längste Abstand zwischen zwei Außenmutanten und der Summe der Abstände dieser Mutanten zu einer zwischen ihnen liegenden Mutante unterscheidet (Abb. 31).

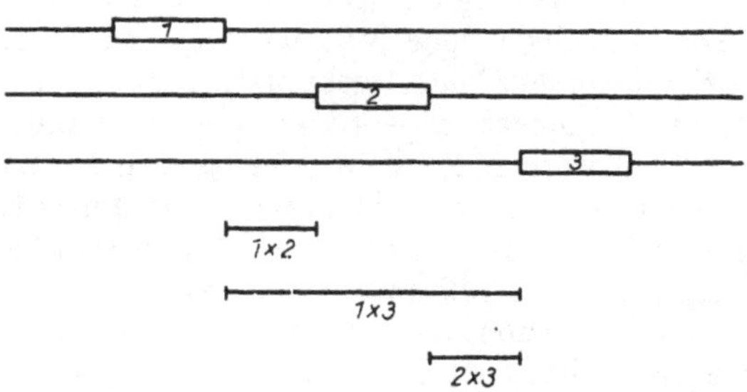

Abb. 31. Methode zur Bestimmung der „Länge“ eines Mutons. Diese ergibt sich aus der Beziehung $1 \times 3 - (1 \times 2 + 2 \times 3)$ (BENZER 1957)

Die obere Grenze der Größe eines Mutons ergibt sich ferner durch die maximale Zahl von verschiedenen Mutationen, die auf einer begrenzten Genkartenlänge lokalisiert sind. Für ein Cistron kann schließlich die untere Grenze durch den Abstand bestimmt werden, mit dem die beiden endständigsten Mutanten eines Funktionsgens voneinander entfernt sind.

Zur Bestimmung der Größe dieser Einheiten ist natürlich eine sehr erhebliche Anzahl von Mutanten notwendig, die nicht nur isoliert, sondern auch untereinander gekreuzt werden müssen. Der dazu erforderliche Arbeitsaufwand

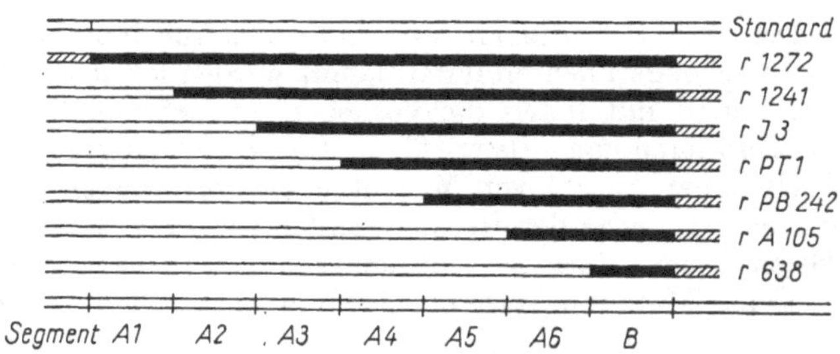

Abb. 32. Aufteilung der rII-Region durch einen Satz von Deletionen (BENZER 1961)

kann durch einen sinnreichen Trick ganz entscheidend verringert werden: Mit Hilfe von überlappenden Deletionen wird die ganze rII-Region in einzelne Abschnitte unterteilt (Abb. 32). Jede neue Mutante wird mit dem Satz dieser „Schlüsseldeletionen" gekreuzt, wodurch sie einem der sieben Segmente zugeordnet werden kann: Eine Mutante X, die mit r1272 keine, dagegen mit r1241 und den anderen Deletionen Wildtyprekombinanten ergibt, ist im Segment A1 (das im Cistron A liegt) lokalisiert (Abb. 33). Dann kann man die Mutante gegen einen weiteren Satz von Deletionen testen, der die sieben Hauptsegmente in 47 Unterabschnitte aufteilt.

Die so aufzustellende Genkarte stimmt erwartungsgemäß mit solchen Karten sehr gut überein, die nach dem klassischen Vorbild lediglich durch Auftragung der aus Kreuzungen ermittelten Rekombinationshäufigkeiten aufgestellt wurden.

Theoretisch wäre nun eine Abschätzung der Größe des rII-Bereiches durch die Rekombinationsfrequenz der am weitesten entfernt liegenden rII-Mutanten möglich. Aber diese Berechnungen sind mit zahlreichen Unsicherheitsfaktoren behaftet, da man diesen Abstand nur mit

Abb. 33. Einordnung einer Mutante rX mittels der in Abb. 32 dargestellten Schlüsseldeletionen (BENZER 1961, verändert)

der ganzen Rekombinationskarte vergleichen kann, die ja auch wiederum nur relativ ist und sicher wegen der Erscheinung der negativen Interferenz noch bestimmter Korrekturen bedarf. Auch ein Bezug dieser Karte oder auch nur des rII-Abschnittes auf den DNS-Gehalt von T4 ist nicht möglich, da man noch nicht weiß, ob die gesamte Phagen-DNS genetische Information enthält.

Aussichtsreicher ist der Versuch, im CsCl-Dichtegradienten Wildtypphagen mit solchen Mutanten zu vergleichen, die Deletionen haben, die sich über den ganzen rII-Bereich erstrecken. Mit dieser Methode kann noch ein Verlust von 1 % der Gesamt-DNS signifikant nachgewiesen werden.

Mit dieser Methode konnte bisher kein Unterschied zwischen r^+- und rII-Phagen ermittelt werden. Daraus kann man den vorläufigen Schluß ziehen, daß der rII-Bereich weniger als 1% der Phagen-DNS enthält, also weniger als 2000 Nukleotidpaare.[3]

Aus den eben erwähnten Gründen ist eine Abschätzung der Größen von Cistron, Muton und Recon noch schwieriger, da man ja hier völlig auf die Rekombinationsfrequenzen angewiesen ist. Alle vorliegenden Befunde lassen jedoch begründet vermuten, daß ein Recon nicht größer ist als wenige (zwei?) Nukleotidpaare, und daß ein Muton nicht mehr als fünf Nukleotidpaare einschließt. Zu solch einem Wert kommt man beispielsweise, wenn die Überlegung zugrunde gelegt wird, daß die rII-Region höchstens 2000 Nukleotidpaare umfassen sollte. In dieser Region konnten bisher über 300 verschiedene Mutantenloci nachgewiesen werden; statistische Überlegungen sprechen aber stark dafür, daß es mindestens 400 sein dürften. Daraus errechnet sich für die einzelnen Loci eine Maximalgröße von 5 Nukleotidpaaren. Andererseits legen ja die Mutagenesebefunde die Annahme nahe, schon die Änderung eines Nukleotides (bzw. Nukleotidpaares) könne einen veränderten Phänotyp verursachen.

Die Größe des Cistrons A dürfte schließlich unter 1.400, die von B unter 700 Nukleotidpaaren liegen; zu diesen Werten kommt man ausgehend von der Größe des rII-Bereiches, wenn berücksichtigt wird, daß beide Cistren vier bzw. zwei Rekombinationseinheiten lang sind. Genau das gleiche Größenverhältnis beider Cistren ergibt sich, wenn man berücksichtigt, daß Cistron A doppelt so UV-sensibel ist wie Cistron B.

---

[3] Unter Annahme eines mittleren T4-DNS-Molekulargewichts von 13×10^7 (vgl. S. 63) sollte die Gesamt-DNS etwa 2×10^5 Nukleotidpaare (mit einem Molekulargewicht von etwa 650) enthalten.

Das Mutationsspektrum

Dagegen kann heute an Hand der rII-Befunde schon eine exakte Antwort auf folgende zwei Fragen gegeben werden:

- Sind die Mutationsorte zufällig auf der Genkarte verteilt?
- Stimmen die Mutationsorte spontaner und induzierter Mutanten überein?

Eindeutig ergibt sich, daß die Mutationsorte keinesfalls zufällig auf der Genkarte verteilt sind: Durch Vergleich der mit spontanen und mit induzierten Mutanten aufgestellten Genkarten kann gezeigt werden, daß es auf der „Spontankarte" mindestens 53 Orte gibt, an denen (bis jetzt) noch keine Mutationen nachgewiesen werden können.

Dann gibt es einen großen Teil von Orten, die ein- oder zweimal mutiert sind, und schließlich können zahlreiche „Hotspots" nachgewiesen werden, an deren Orten zahlreiche unabhängige Mutationsereignisse stattgefunden haben: Bisher konnten über 500 verschiedene Mutanten isoliert werden, die am ausgeprägtesten Hotspot (r 117) mutiert sind! Mindestens 60 der bisher bekannten 251 spontanen Mutationsorte gehören zu einer Klasse, die statistisch signifikant mehr mutabel ist als die Klasse mit den stabileren Orten. Die Mutanten eines Hotspots können sich durch ihre Reversionsraten sowie in anderer Beziehung (vgl. S. 96) sehr unterscheiden.

Prinzipiell die gleichen Verhältnisse ergeben sich, wenn man chemisch induzierte Mutanten kartiert (Abb. 34). Dabei zeigt sich ganz eindeutig, daß sich jedes Spektrum von der Karte der Spontanmutanten beträchtlich unterscheidet. Unterschiede liegen auch zwischen den einzelnen „Mutagen"-Karten vor, wenngleich hier auch manche Übereinstimmungen festzustellen sind.

Zumindest ein Teil der wenigen Übereinstimmungen zwischen Mutagen- und Spontankarte muß überdies

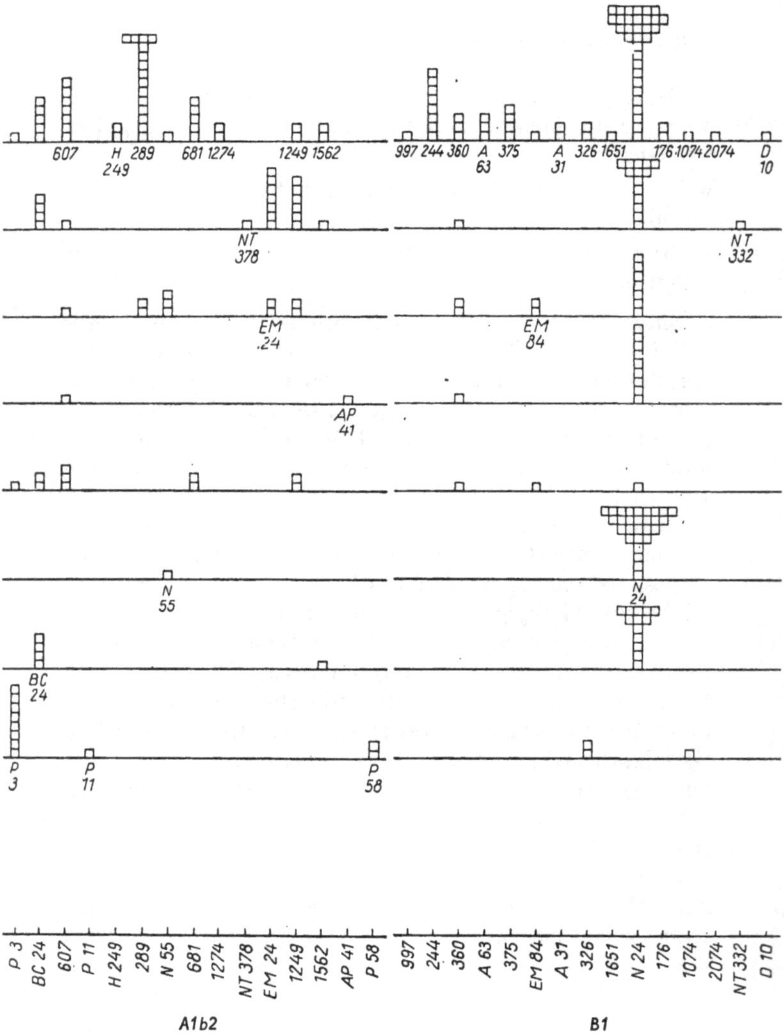

Abb. 34. Lokalisierung der spontan oder nach Behandlung mit verschiedenen Mutagenen entstandenen T4-Mutanten innerhalb von zwei Unterabschnitten (A 1 b 2, B 1) der r II-Region.
Von oben nach unten aufgetragen sind spontan sowie nach Behandlung mit salpetriger Säure, Äthylmethansulfonat, 2-Aminopurin, 2,6-Diaminopurin, 5-Bromuracil, 5-Bromdesoxycytidin und Proflavin entstandene Mutanten. (BENZER 1961)

darauf zurückgeführt werden, daß jeder induzierte Mutantensatz mit Sicherheit auch noch eine Anzahl von Spontanmutanten enthält.

Aus diesen vergleichenden Befunden kann nun der sichere Schluß gezogen werden, daß die induzierte Mutagenese nicht einfach eine Erhöhung der spontanen Mutationsrate darstellt. Für bestimmte chemisch induzierte Mutationen liegen — wie im Mutagenese-Abschnitt eingehend diskutiert wurde — andere Mechanismen vor als für die spontanen Mutationen, und diese Mechanismen greifen offensichtlich auch an ganz verschiedenen Orten mit verschiedenen Wahrscheinlichkeiten an.

Gen- und Mutagenspezifität

Nun muß natürlich noch die Tatsache erklärt werden, daß — wie sowohl die mit spontanen als auch die mit induzierten Mutanten aufgestellten Genkarten eindeutig zeigen — die einzelnen Genorte völlig verschieden mutabel sind. Auch aus den Reversionstesten, also von den entgegengesetzten Versuchen, sind derartige Unterschiede bekannt.

Während noch einleuchtend ist, daß beispielsweise BU-Mutanten besser durch AP und AP-Mutanten besser durch BU als durch das jeweilige „Vorwärts"-Mutagen revertiert werden können, ist nicht einzusehen, warum innerhalb dieser Gruppen und auch bei den spontanen Reversionsraten oft enorm große Unterschiede existieren. So werden beispielsweise durch Nitrit BU- und AP-Mutanten mit Raten revertiert, die zwischen 1×10^{-6} und 1×10^{-8} liegen und sich also durch einen Faktor von 10^2 unterscheiden, ohne daß eine klare Unterscheidung dieser Revertanten in zwei Gruppen möglich wäre.

Die Rückmutationsrate hängt daher nicht nur vom Agens der Vorwärtsinduktion, sondern auch von weiteren Faktoren ab, vermutlich von solchen, die auch auf das

Ausmaß von Vorwärtsmutationen einen beträchtlichen Einfluß haben.

Das sind Beobachtungen, die mit schon länger bekannten Befunden aus der Bakteriengenetik sehr gut übereinstimmen. Auch hier weiß man von Reversionsversuchen, daß

- jedes Gen durch verschiedene Mutagene unterschiedlich beeinflußt wird („Genspezifität"),
- verschiedene Gene unterschiedlich auf das gleiche Mutagen reagieren („Mutagenspezifität"),
- die spontane Mutationsrate mancher Gene durch einige oder alle untersuchten Mutagene nicht erhöht werden kann („Mutagenstabilität").

Über die Ursachen für die unterschiedliche Mutabilität der einzelnen Genloci kann man gegenwärtig nur spekulieren. Sicherlich hat die Mutation eines Nukleotidpaares drei mögliche Folgen: Das vom entsprechenden Cistron kontrollierte Protein könnte seine Funktion beibehalten, wenn infolge der Mutation nur eine „unwesentliche" Aminosäure gegen eine andere ersetzt wird. Das Protein kann aber auch funktionslos werden, wenn der Aminosäureaustausch in seinem aktiven Zentrum geschieht. Und unter bestimmten Bedingungen ist es vorstellbar, daß sich ein derartiger Funktionsverlust so drastisch auswirkt, daß eine „Letalmutation" entsteht, die von uns ja nicht erkannt werden kann: Behandelt man r^+-Phagen in vitro mit Nitrit und prüft dann nur auf *E. coli* K12 (λ), dann kann man all die Partikel nicht nachweisen, bei denen durch die in-vitro-Behandlung die rII-Region verändert wurde.

Außerdem wäre es durchaus denkbar, daß nicht nur der Charakter des entsprechenden Basenpaares selbst, sondern auch die benachbarten Nukleotidpaare einen wichtigen Einfluß ausüben. Im Zusammenhang damit wird darauf hingewiesen, daß das Paar A–T nur durch zwei Wasserstoffbrücken verbunden und deshalb nicht so stabil ist wie ein durch drei Wasserstoffbrücken verbundenes G–C-Paar[4]. Ein DNS-Bereich mit mehreren hintereinander angeordneten A–T-Paaren wäre demzufolge sehr viel loser als ein entsprechender C–G-Bereich. Dadurch könnten evtl. auch „unerlaubte", in der normalen Doppelhelix am Raummangel scheiternde Basenpaarungen ermöglicht werden, beispielsweise zwischen A und G: Beide Basen paaren sich sehr gut miteinander, beanspruchen dafür aber mehr Platz, als in einer normalen DNS-Duplex zur Verfügung steht.

So hat die Entdeckung und Entwicklung des rII-K12-(λ-) Systems unsere Kenntnisse sowohl von den vermutlich wichtigsten Mutagenesemechanismen als auch von der materiellen Basis der Vererbung erheblich erweitert. Trotzdem ist dieses System noch nicht ideal: Wir wissen noch nicht, welches Protein von der rII-Region kontrolliert wird, wir können also unsere Genkarte noch nicht zu den Ergebnissen der Sequenzanalyse des entsprechenden Proteins in Beziehung setzen. Diese Möglichkeit aber muß man haben, wenn man wissen will, wie die genetische Information in der DNS verschlüsselt ist.

Das Coding-Problem

Im Folgenden soll nun die Frage erörtert werden, wie man sich die Übertragung der Information von der Nukleinsäure auf das Protein vorstellen könnte. Erinnern wir uns: Bei der Infektion mit einem geradzahligen T-Phagen wird hauptsächlich die DNS in das Wirtsbakterium injiziert, und dieses reagiert nicht nur mit der Synthese neuer, phagenspezifischer Enzyme, sondern später auch mit der Produktion von Strukturproteinen

[4] Ergebnisse von Desaminierungsversuchen lassen vermuten, daß G und C nur durch zwei Wasserstoff-Brücken verbunden sind.

des Phagen. Wie kommt es, daß die Bakterienzelle genau die geforderten Proteine herstellt und nicht irgendwelche andere?

Schon weiter oben war erwähnt worden, daß dabei die RNS eine ursächliche Rolle spielt, indem die DNS bzw. die Nukleotidsequenz eines Genes bzw. Cistrons den Bau des entsprechenden Proteines unter Zwischenschaltung einer besonderen RNS (Boten-RNS) spezifiziert.

Dabei wird die — experimentell aber noch nicht ausreichend belegte — Voraussetzung gemacht, daß in der entsprechenden Nukleotidsequenz nur die Information für eine entsprechende Folge von Aminosäuren gespeichert ist, und daß die Ausbildung der Sekundär- und Tertiärstruktur der Proteine durch die jeweilige Aminosäuresequenz bestimmt wird.

Mittels dieser Einschränkung wird es möglich, zwei eindimensionale Anordnungen typischer Bausteine zu vergleichen und das Coding-Problem auf die Frage zu reduzieren, wie die durch vier verschiedene Basen bzw. Basenpaare ausgedrückte Information auf eine Sequenz übertragen wird, die aus 20 verschiedenen Aminosäuren bestehen kann.

Theoretische Aspekte

Die oben gestellte Frage kann in zwei Teile zerlegt werden, deren erster so formuliert werden kann: Wie wird die Information von der DNS auf die RNS übertragen?

Hier gibt es zwei Vorstellungen. Die eine geht von der Doppelhelix der DNS aus und unterstellt, daß sich eine einsträngige RNS-Kette in der tiefen Furche der Doppelspirale der DNS bildet, wobei dann jeweils ein DNS-Basenpaar ein RNS-Base determiniert. Einer von verschiedenen, theoretisch möglichen und auf Grund bestimmter DNS- und RNS-Basenverhältnisse entwickelten Codes nimmt beispielsweise an, daß das

DNS-Paar	G–C	die RNS-Base	A
„	C–G	„ „	U
„	A–T	„ „	G
„	T–A	„ „	C

bestimmt. Auf diese Weise würde eine spezifische DNS-Sequenz in eine spezifische RNS-Sequenz transformiert.

Eine andere Überlegung geht auch von der Duplex aus, nimmt aber an, daß es sich nicht um einen Vier-Buchstabencode (A, C, G, T), sondern um einen solchen von nur zwei Buchstaben handelt, die beispielsweise von den 6-Keto-Basen (Guanin, Uracil bzw. Thymin) und den 6-Aminobasen (Adenin, Cytosin) repräsentiert werden. So würde ein bestimmtes DNS-Basenpaar nur die Information geben, ob bei der RNS-Polymerisation eine Keto- oder eine Aminobase angelagert werden soll, und es wäre beispielsweise der Versorgung mit den einzelnen Nukleotiden überlassen, welche von beiden möglichen Basen eingebaut wird.

Schließlich setzt man in der experimentell bisher wohl am besten gesicherten Hypothese voraus, daß die DNS-Doppelhelix vor der Weitergabe der Information in ihre beiden Stränge zerlegt wird, und daß erst die Einzelstränge befähigt sind, die Information abzugeben. Dies könnte dann durch Anlagerung einer komplementären RNS-Kette geschehen, wobei sich die DNS-Basen jeweils mit den entsprechenden RNS-Basen mittels Wasserstoffbrücken paaren.

Ein derartiger Mechanismus könnte möglicherweise gleichzeitig die beiden für die Proteinsynthese (S. 21) notwendigen RNS-Arten liefern: Einer der beiden komplementären RNS-Stränge wandert als „messenger-RNS“ in die Ribosomen und dient dort als Matrize. Der andere wird in kleine Stücke zerlegt, enzymatisch besonders präpariert und kann dann als „lösliche RNS“ die aktivierten Aminosäuren zu den Ribosomen transportieren.

Nun zur zweiten Unterfrage: Wie wird die Information von der RNS auf das Proteinmolekül übertragen? Bereits oben wurde angedeutet, daß hier geklärt werden muß, wie vier Nukleotide — in der Folge einfach mit A, B, C und D bezeichnet — zwanzig Aminosäuren spezifizieren können. Es geht also um die „Coding-Ratio“, die für die Kennzeichnung einer Aminosäure erforderliche Anzahl von Nukleotiden.

Benachbarte Nukleotidpaare reichen nicht aus, da sie nur in 16 möglichen Stellungen angeordnet werden können. Damit ergibt sich für die Coding-Ratio bereits eine untere Grenze von drei Basen.

Als obere Grenze kann man — unter Voraussetzung, es hier mit allgemeinbiologischen Gesetzmäßigkeiten zu tun zu haben — einen um 17 liegenden Wert annehmen: Die RNS des Broad-Bean-Mottle-Virus besteht aus etwa 3.400 Nukleotiden — die identischen Proteinuntereinheiten dieses Virus enthalten nach vorläufigen Befunden etwa 190 Aminosäuren. Vermutlich dürfte die Coding-Ratio aber unter 17 liegen, da die Virus-RNS ganz sicher nicht nur die Information enthält, eine Sorte Protein synthetisieren zu lassen: Bei vielen nitritinduzierten Mutanten des Tabakmosaikvirus konnten keine Veränderungen in der Aminosäurezusammensetzung der Proteinuntereinheit nachgewiesen werden, woraus geschlossen werden muß, daß zumindest in der TMV-RNS auch noch andere Informationen gespeichert sind, deren Veränderung die Proteinuntereinheiten natürlich nicht beeinflußt.

Meist wird eine Coding-Ratio von 3 angenommen: Die Determinierung der Aminosäuren erfolgt durch 64 ($4 \times 4 \times 4$) Nukleotid-Tripletts. Aus statistischen Gründen dürfen sich die Tripletts nicht überlappen, n Aminosäuren können also nicht von $n + 2$ Nukleotiden spezifiziert werden (Abb. 35). Dies wird auch durch Ergebnisse aus Untersuchungen an nitritinduzierten Mutanten des Tabakmosaikvirus bestätigt: Die Desaminierung einzelner RNS-Basen hat bestenfalls den Austausch einer Aminosäure im Hüllprotein zur Folge, während beim überlappenden Code meist drei Aminosäuren betroffen sein müßten.

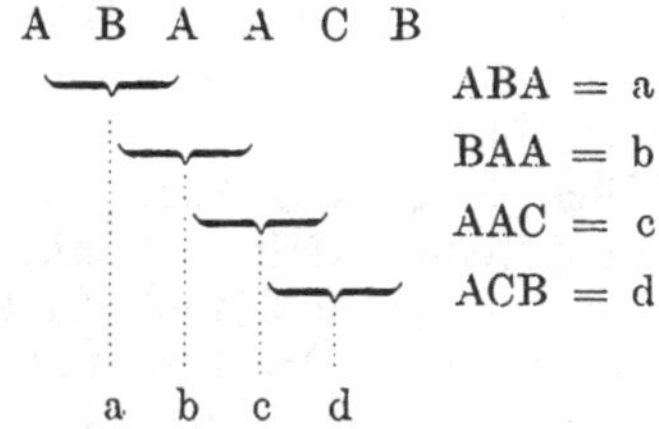

Abb. 35. Im überlappenden Code bestimmen 6 Nukleotide (4 überlappende Tripletts) die Lage von 4 Aminosäuren (*a*—*d*)

Noch ungeklärt ist die Frage, ob — auf Grund gewisser Beschränkungen — jeweils eine bestimmte Aminosäure von einem Triplett („nichtdegenerierter“ Code), oder ob eine Aminosäure von mehr als einem Triplett („degenerierter“ Code) determiniert wird. Im letzteren Falle wären mehr als zwanzig, maximal alle 64 möglichen Tripletts zur Aminosäuredeterminierung befähigt. Beim nichtdegenerierten Code dagegen stünden 20 „sinnvolle“ Tripletts 44 anderen gegenüber, deren Struktur keine Determinierung von Aminosäuren zuläßt.

Es sieht aber so aus, als ob zwanzig Möglichkeiten für unsere Zwecke nicht ausreichen. Keine Schwierigkeiten gäbe es, wenn man immer nur von einem einsträngigen Nukleinsäure-Molekül ausgehen könnte. Das DNS-Molekül ist aber doppelsträngig und besitzt immer eine komplementäre Information: Der Beginn der Information einer Kette muß ja zwangsläufig immer dem Ende der Information der anderen Kette entsprechen. Diese Schwierigkeit ist immer vorhanden — gleichgültig, ob man von der Duplex ausgeht, die ja symmetrisch ist und in beiden Richtungen gelesen werden kann, oder von den getrennten Einzelsträngen.

Zur Lösung dieses Problems — unter gleichzeitiger Annahme eines nichtdegenerierten Codes — liegen bis jetzt nur sehr wenige brauchbare Vorschläge vor. Am plausibelsten wäre die Annahme, daß der zweite Strang immer sinnlose Sequenzen enthält (dazu wäre aber eine Coding-Ratio von 4 erforderlich, da nur noch 10 sinnvolle Tripletts zur Verfügung stünden), oder aber, daß irgendwelche Hilfsinformationen in der DNS Auskunft geben, von wo an eine Sequenz in welcher Richtung gelesen werden muß und wo sie aufhört.

Diese Schwierigkeiten würden natürlich beim degenerierten Code entfallen, da hier so viele Tripletts zur Verfügung stehen, daß auch der komplementäre Strang mit den entsprechenden Informationen ausgestattet wird.

Auch bei der Konstruktion des Zwei-Symbol-Codes (S. 109) ergeben sich Schwierigkeiten: Hier müßten die Aminosäuren — ohne Berücksichtigung der eben genannten Duplex-Probleme — mindestens durch Sequenzen aus jeweils acht Nukleotiden determiniert werden. Durch diese sehr hohe Zahl ist natürlich eine beträchtliche Fehlermöglichkeit gegeben: Ein Protein, das aus 150 Aminosäuren besteht, würde durch 450 Nukleotide in Tripletts — dagegen beim 2-Symbol-Code durch 1200 Nukleotide determiniert. Aus statistischen Gründen dürfte im letzten Falle viel eher ein Nukleotid ausgetauscht werden als im ersten. Daher ist es fraglich, ob sich die Natur einer Coding-Ratio mit derart hoher Fehlerquelle bedient.

Versuche zur Beantwortung der Fragen im Experiment

Soweit die Theorie — nun zu den wenigen vorliegenden Fakten. Zunächst zur ersten Unterfrage (DNS — RNS). Neueste Befunde sprechen dafür, daß die Einzelstränge der DNS als RNS-Matrize dienen — nachdem schon länger bekannt ist, daß es Phagen mit einsträngiger DNS gibt, und nachdem sehr viele Hinweise für einsträngige „Vermehrungsstadien" der DNS sprechen. Kürzlich gelang zudem mittels der Zentrifugation im Caesiumchlorid-Dichtegradienten der Nachweis, daß auch in T2-infizierten Zellen hybride Moleküle vorkommen, die aus (^{32}P-markierter) DNS und aus (^{3}H-markierter) RNS bestehen. Außerdem konnten schon vorher in vitro „Hybride" aus Einzelsträngen synthetischer DNS (Polydesoxyribothymidylsäure) und synthetischer RNS (Polyriboadenylsäure) sowie aus hitzedenaturierter (= einsträngiger) T2-DNS und T2-spezifischer RNS hergestellt werden.

Noch unklar ist allerdings, ob beide DNS-Stränge ihre Information abgeben oder ob jeweils ein Strang funktionell inaktiv ist. Gewisse Befunde aus Mutationsversuchen mit salpetriger Säure lassen die zweite Möglichkeit als nicht unwahrscheinlich erscheinen — sind aber noch nicht so gesichert, um endgültige Schlüsse zu erlauben.

In diesem Zusammenhang sei daran erinnert, daß der mittlere Guanin-Cytosin-Gehalt der DNS verschiedener Organismen stark variiert, bei Bakterien zwischen 25 und 75 Mol% (vgl. Tab. 1). Dagegen ist der Anteil dieser Basen in der RNS sehr gleichförmig[1]. Das wurde zunächst als gewichtiges Argument dagegen gewertet, daß die RNS als Informationsüberträger zwischen DNS und Polypeptid geschaltet ist.

Diese Argumentation erwies sich aber als nicht stichhaltig, nachdem die m-RNS entdeckt werden konnte, die ja nur etwa drei Prozent der Gesamt-RNS ausmacht und deren — DNS-analoges — Basenverhältnis in den für die Gesamt-RNS ermittelten Werten völlig untergeht.

Außerdem scheint sich die starke Variation der DNS-Zusammensetzung verschiedener Bakterien-Arten auch in der Aminosäure-Zusammensetzung ihrer Proteine widerzuspiegeln: Bei zahlreichen Bakterien-Arten mit einem G + C-Gehalt von 35—72 Mol% waren einige Aminosäuren positiv, andere negativ und wieder andere überhaupt nicht mit dem G–C-Gehalt korreliert. Die gleiche Korrelation wurde bemerkenswerterweise bei dem Protozoon Tetrahymena pyriformis gefunden.

---

[1] Die in Tabelle 1 zitierten Arten *Clostridium perfringens, E. coli* und *Streptomyces griseus* besitzen RNS mit einem $\frac{G + C}{A + U}$-Verhältnis von 1,06; 1,21 und 1,29.

Nun zum zweiten Problem und damit zunächst zu der Frage, ob ein degenerierter oder ein nichtdegenerierter Code vorliegt. Während bisher vor allem aus theoretischen Erwägungen bevorzugt ein nichtdegenerierter Code angenommen wurde, lassen jüngste Befunde, die in Untersuchungen an T4-Mutanten sowie bei Nitrit-induzierten Tabak-Mosaik-Virus-Mutanten erhalten wurden, das Vorliegen eines zumindest teilweise degenerierten Codes vermuten.

Gleichzeitig zeigte sich, daß die erhaltenen Ergebnisse mit der Annahme einer Coding-Ratio von 3 vereinbar waren.

Von einer Arbeitsgruppe, die sich mit der alkalischen Phosphatase von *E. coli* und entsprechenden Mutanten beschäftigt, sind erste — allerdings noch nicht ausreichend gesicherte — Ergebnisse veröffentlicht worden, die eine Coding-Ratio von 4 wahrscheinlich machen: Die 14 bis jetzt auf der „Chromosomen"-Karte lokalisierten Mutanten nehmen einen Raum von etwa 0,3 Austauscheinheiten ein. Das Enzym besteht nun aus zwei identischen Untereinheiten mit einem ungefähren Molekulargewicht von je 40.000, was etwa 400 Aminosäuren entspricht. Also entfallen auf die Austauscheinheit etwa 1.200 Aminosäuren. Da nun eine Austauscheinheit — wie in Untersuchungen über den ^{32}P-Transfer bei der Konjugation (S. 38) von *E. coli* ermittelt werden konnte — etwa 5.000 Nukleotidpaaren entspricht, ergibt sich eine Coding-Ratio von 4. Zu einem ähnlichen Wert (3,5) kommt man bei der Analyse des β-Galaktosidasesystems von *E. coli*.

Entsprechende Untersuchungen laufen gegenwärtig (vgl. S. 51) am T4-induzierten Lysozym (das einer Strukturaufklärung besonders zugänglich sein dürfte, da es nur etwa 150 Aminosäuren besitzt) und am Strukturprotein des T4-Kopfes, das unter Kontrolle des o^+-Genes steht.

In diesem Zusammenhang müssen die ambivalenten T4rII-Mutanten (vgl. S. 96) nochmals erwähnt werden, die jeweils von einem bestimmten *E.-coli*-K12-(λ-) Stamm produziert werden. So werden Mutanten eines bestimmten

Ambivalenztyps von einem Bakterienstamm vermehrt, der durch Behandlung mit Äthylmethansulfonat aus einem anderen K12-(λ-) Stamm erzeugt wurde.

Schon dieser Befund läßt vermuten, daß es sich hier nicht nur um eine spezifische Besonderheit dieser Phagen handelt, sondern daß gleichzeitig Besonderheiten der einzelnen lysogenen *Coli*-Stämme zu Tage treten. Es sieht so aus, als ob dabei der „Übersetzungsmechanismus" betroffen ist, der die Information von der infizierten Phagen-DNS abliest und zum Aufbau eines Proteins verwendet: Durch Einbau von 5-Fluoruracil in die Bakterien-RNS kann man erreichen, daß die Einbauraten bestimmter Aminosäuren verändert werden, bzw. daß bestimmte Fermente andere Eigenschaften bekommen. Das läßt vermuten, daß das Analogon durch seinen Einbau in die bei der „Übersetzung" ursächlich beteiligte RNS bestimmte Fehler verursacht. Und solche Fehler können auch resultieren, wenn man in 5-FU-Gegenwart mit ambivalenten Mutanten einen K12-(λ-) Stamm infiziert, der diese Partikel normalerweise nicht vermehrt: Von 16 Ambivalenten des Typs, der vom Stamm „KT", nicht aber vom „KB" vermehrt wird, werden in FU-Gegenwart 12 von „KB" produziert. (Dagegen nur einer von 55 willkürlich ausgewählten rII-Phagen.)

Dieser Effekt verläuft sicher über die RNS, da er durch Zugabe der RNS-Base Uracil, nicht aber durch Thymin aufgehoben werden kann. Außerdem handelt es sich dabei um ein physiologisches Phänomen und nicht etwa um eine Mutation: Die produzierten Nachkommen zeigen — in Abwesenheit des Basenanalogons — wieder die gleichen Eigenschaften wie die Elternpartikel und werden also von „KB"-Bakterien nicht vermehrt.

Vermutlich kann eine weitere Analyse dieses Phänomens auch zur weiteren Aufhellung der Coding-Probleme wesentliche Gesichtspunkte beitragen.

Transduktion und Konversion

Schließlich kann in einer Übersicht, die Fragen der Phagengenetik behandelt, die Transduktion nicht unerwähnt bleiben, die zu den Problemen der Bakteriengenetik überleitet. Mit diesem Begriff bezeichnet man die bei zahlreichen Gruppen (*Salmonella*, *Coli-Dysenteriae*-Gruppe, *Bac. subtilis* u. a.) beobachtete Übertragung genetischer Informationen von Spender- auf Empfängerzellen mittels temperierter Bakteriophagen.

Spezial-Transduktion

Induziert man einen Galaktosevergärenden (Gal^+), λ-lysogenen Stamm von *E. coli* K 12 mit UV, so sind etwa 10^{-4} bis 10^{-7} der produzierten Partikel befähigt, sensiblen Gal^--Zellen bei der Infektion die Eigenschaft zur Vergärung der Galaktose bzw. zur Produktion von Galaktokinase und Phosphogalaktose-Uridyl-Transferase zu vermitteln. Dabei entstehen wieder partiell diploide Zellen, in denen das Empfängergenom durch ein Fragment des Spenderchromosoms ergänzt ist. In unserem Beispiel resultieren „Heterogenoten", während „Homogenoten" entstehen, wenn Spender- und Empfängerallele identisch sind.

Wie ist es zu erklären, daß der Phage λ Bakteriengene von einer Wirtszelle auf die andere übertragen kann? Betrachten wir deshalb noch mal Abb. 16, die unsere Vorstellungen darüber ausdrückt, wie der λ-Prophage am K 12-Chromosom angehängt sein dürfte: Das Prophagenchromosom erstreckt sich auch über die Galregion des Bakterienchromosoms, die dem λ-Locus ja dicht benachbart ist. Deshalb, und wegen der weitgehend ähnlichen Struktur der DNS von λ und K 12 (vgl. S. 42) dürften gelegentlich Rekombinationen zwischen Phagen- und Bakterienchromosom stattfinden (Abb. 36).

Dabei müßten dem Prophagen natürlich Teile seines Genoms verloren gehen. Tatsächlich sind die Gal-transduzierenden λ-Partikel nicht in der Lage, gewisse für die vegetative Vermehrung und die Reifung notwendige Reaktionen zu steuern. In Kreuzungsversuchen konnte nachgewiesen werden, daß ihnen etwa ein Viertel des bisher bekannten Genoms mit den Genen h und m_5 (vgl. Abb. 21) „fehlt". Sie sind also defektiv und werden deshalb kurz als λdg (die Galaktoseregion übertragend) bezeichnet.

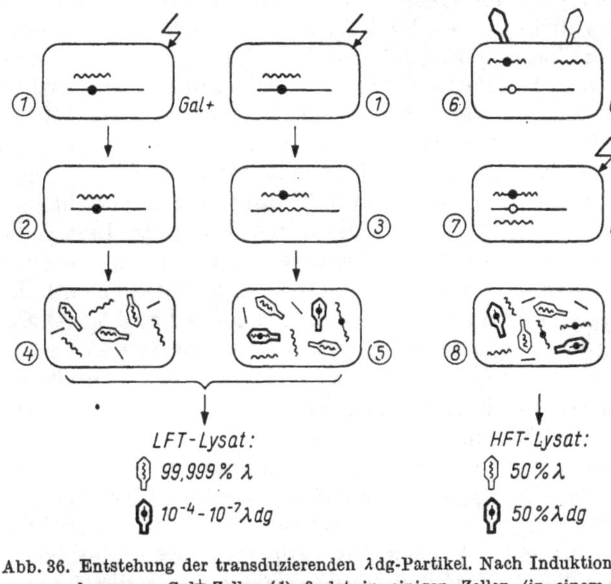

Abb. 36. **Entstehung der transduzierenden λdg-Partikel. Nach Induktion von lysogenen Gal^+-Zellen (*1*) findet in einigen Zellen (in einem ihrer Kerne) eine Rekombination zwischen der Gal^+-Region des Bakterienchromosoms und der dg-Region des λ-Genoms statt (*3*). Die Zellen treten in die vegetative Phase (*4, 5*), wobei sich die λdg-Genome wie die normalen λ vermehren. Im so gewonnenen Lft-Lysat sind 10^{-4} bis 10^{-7} λdg nachweisbar.**
Wird eine sensible Gal^--Zelle mit Hilfsphagen und λdg infiziert, so entsteht in 20% der Fälle eine für beide Prophagen lysogene Heterogenote (*7*), die phänotypisch Gal^+ ist. Nach Induktion treten beide Prophagen in die vegetative Phase ein (*8*), im gewonnenen Hft-Lysat kommen beide Phagentypen mit etwa gleicher Häufigkeit vor.

Die ihnen fehlenden Informationen können aber von anderen Phagen geliefert werden: Ist ein normaler „Hilfsphage“ vorhanden, so kann der induzierte λdg-Prophage in den vegetativen Status übertreten, sich vermehren, zu reifen Partikeln zusammengebaut werden und andere Bakterien infizieren. Auch hier hängt das weitere Schicksal von der Anwesenheit eines Hilfsphagen ab: Ohne diesen lysieren 99% der infizierten Zellen, ohne Phagen zu produzieren, während nur ein Prozent lysogenisiert wird. Mit dem Hilfsphagen reagieren — wie nach normaler Infektion mit λ allein — etwa 80% der Zellen lytisch und vermehren beide Phagentypen; 20% werden für Hilfsphagen und transduzierenden Partikel lysogen und dadurch transduziert.

Wird nun ein Klon solcher transduzierter Zellen wiederum induziert, so erhält man ein „Hft“-Lysat, das mindestens 50% λdg-Partikel enthält (Hft = „high frequency of transduction“). (Entsprechend versteht man unter einem Lft-Lysat [Low frequency] ein Lysat, das durch Induktion haploider lysogener Bakterien gewonnen wird und nur wenige transduzierende Partikel enthält.) Daraus muß man schließen, daß die λdg-Prophagen-DNS zusammen mit der integrierten Galregion in den vegetativen Status übergehen kann, daß sich beide Anteile zusammen als Einheit vermehren und zusammen in reife λdg-Partikel eingebaut werden.

Die Tatsache, daß sich die transduzierte Galregion als Teil des Phagengenoms verhält — abgesehen von seltenen Austauschprozessen —, zeigt sich auch darin, daß beim gelegentlichen Verlust des λdg-Prophagen gleichzeitig auch die Galregion verloren geht, wodurch die entsprechende Wirtszelle wieder zu einer stabilen, sensiblen haploiden Zelle wird. Dafür spricht weiter der Befund, daß man Gal^--Bakterien auch mit aus Hft-Lysaten isolierter λdg-DNS t r a n s f o r m i e r e n kann. Die transformierten Zellen verhalten sich, als wären sie durch λdg-Partikel transduziert worden: Die Zellen werden also Gal^+, weil sie für λdg lysogen werden. Dazu ist allerdings auch die Anwesenheit von Hilfsphagen notwendig.

Aus den Hft-Befunden ergibt sich deutlich, daß sich bei λdg Phagengenom und Gal-Region als Einheit verhalten. Andererseits wird das Gal-Gen von λdg auch in einer lysogenen Zelle wirksam, die also gegenüber einer Superinfektion immun ist. Außerdem ist für die Wirkung des Gal-Genes nicht die Etablierung des Prophagen notwendig: Auch Zellen mit lytischer Reaktion produzieren Galaktokinase. Außerdem können die Heterogenoten selbst dann noch das vom transduzierten Gen kontrollierte Enzym synthetisieren, wenn die DNS der λdg-Partikel und der Hilfsphagen nach UV-Induktion in die vegetative Phase eingetreten sind. Daraus kann zwingend geschlossen werden, daß die bakteriellen Gene ihre Funktion auch dann ausüben, wenn sie nicht in das Genom eingebaut sind.

Allgemeine Transduktion

Bei dem eben geschilderten Fall handelt es sich aber um eine Ausnahme, von der sich die allgemeine Transduktion in mehreren Punkten wesentlich unterscheidet.

So kann durch die temperierten Phagen P1, P22 und andere im allgemeinen jedes Bakteriengen übertragen werden; ja es gelingt — durch P1 bei *E. coli* — sogar der Transfer von einem oder auch mehreren λ-Prophagen[1], häufig gekoppelt mit der Galregion, sowie des Fertilitätsfaktors F (vgl. S. 38), wobei es interessanterweise gleichgültig ist, ob dieser im Bakterienchromosom (eines Hfr-Stammes) integriert oder autonom im Zytoplasma (einer F^+-Zelle) lokalisiert war.

Die Häufigkeit des Transfers dieser Gene entspricht dabei der eines Lft-Lysates von λ und liegt etwa zwischen 10^{-4} und 10^{-6} pro Partikel. Ein weiterer Unterschied zum λdg-System liegt darin, daß hier Lft-Lysate nicht nur

---

[1] Transduziert man einen Prophagen in eine sensible Zelle, so resultiert — entsprechend der „zygotischen Induktion" (S. 40) — eine „Transfer-Induktion".

durch Induktion, sondern auch durch Infektion mit lytischer Reaktion erhalten werden. Während bei der Spezialtransduktion offenbar Phagengenom und Bakterienregion benachbart sein müssen, um ein transduzierendes Partikel bilden zu können, werden in allen anderen Fällen Chromosomenfragmente völlig willkürlich ein-

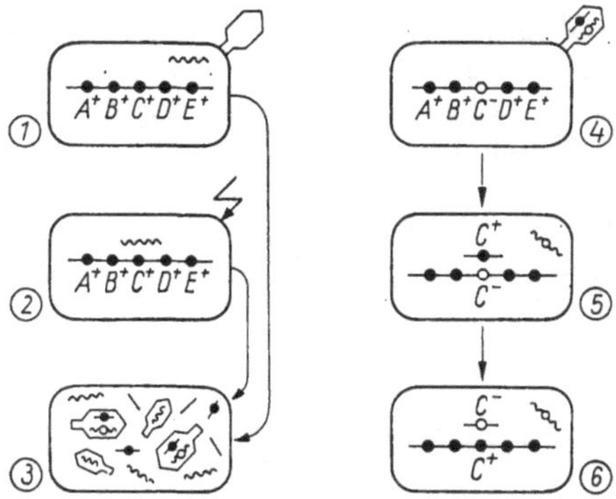

Abb. 37. Mechanismus der stabilen Transduktion. Nach lytischer Infektion einer sensiblen Zelle mit einem temperierten Phagen (*1*) oder nach Induktion einer lysogenen Zelle (*2*) werden in einige Partikel kleine Fragmente des Bakterienchromosoms (——•——) und das Phagengenom nur unvollständig (〜〜o〜〜) eingebaut (*3*). Wird mit solch einem Partikel eine Zelle infiziert, die ein mutiertes Allel des entsprechenden Genes besitzt (*4*), so lagert sich das injizierte Chromosomenfragment an die homologe Chromosomenregion an (*5*), so daß bei Replikation Rekombinationen möglich sind (*6*). Über das Schicksal des defektiven Phagengenoms und des nichteingebauten Chromosomenmaterials ist nichts bekannt (HARTMAN 1957, verändert)

gebaut, die zum — unbekannten — Prophagenlocus nicht in räumlicher Beziehung stehen (Abb. 37).

Außerdem wird eine derart transduzierte Zelle nicht lysogen, sie ist auch nur höchstens wenige Generationen lang partiell diploid und dann entweder stabil oder abortiv transduziert.

Bei einer abortiven Transduktion — die etwa zehnmal häufiger ist als die stabile — wird das transduzierte Fragment nicht eingebaut. Da es sich nicht autonom vermehren kann, wird es bei jeder Teilung an jeweils eine Tochterzelle weitergegeben (Abb. 38).

Durch UV-Bestrahlung der Phagen vor der Infektion kann man die Ausbeute an stabilen Transduktanten nicht unbeträchtlich erhöhen. Zumindest beim *Salmonella*/P 22-System beruht dies darauf, daß der Anteil abortiver Transduktanten zugunsten der stabilen verschoben wird. Das

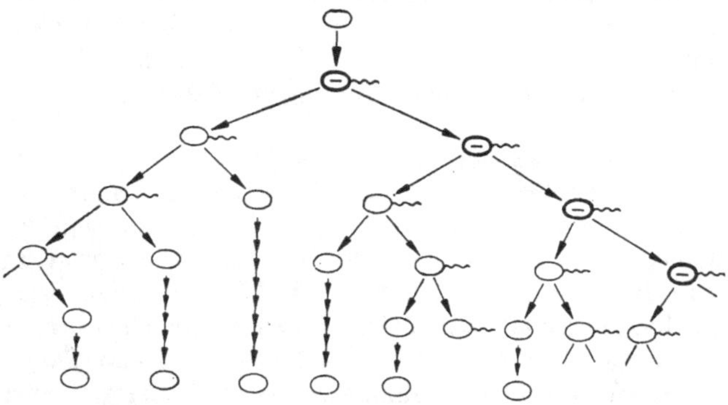

Abb. 38. Abortive Transduktion und Beweglichkeit. Eine nichtbewegliche Zelle erhält durch Transduktion ein Fragment (————), das ihr die Fähigkeit zur Synthese von Bewegungsorganellen erlaubt. Dieses Fragment wird nur auf jeweils eine Tochterzelle weitergegeben, die andere ist noch phänotypisch beweglich und vermag diesen Phänotyp (Besitz einer Geißel) ebenfalls unilinear weiterzugeben. Die nichtbeweglichen Segreganten und ihre Nachkommen bleiben unbeweglich (HARTMAN 1957, verändert)

scheint auch für *E. coli*/P 1 zu gelten: Durch UV-Bestrahlung wird der Prozentsatz von Partikeln erniedrigt, die keine Phagengene, sondern den F-Faktor übertragen, der ja üblicherweise zytoplasmatisch lokalisiert ist.

Die Tatsache, daß die transduzierten Zellen nicht lysogen werden, zeigt, daß diese transduzierenden Partikel einen noch größeren Funktionsverlust als die transduzierenden λ-Phagen erlitten haben. Zumindest fehlt ihnen der genetische Bereich, der für die Lysogenisierung verantwortlich ist; verschiedentlich wird sogar diskutiert, daß hier die ganze Phagen-DNS durch genetisches Bakterienmaterial ersetzt sein könnte.

Da die transduzierten Zellen nicht einmal für defektive Prophagen lysogen sind, können sie nur induziert werden, wenn sie einen anderen Prophagen tragen. Weil dieser aber zum ursprünglichen Transduktionsereignis nicht in Beziehung steht, vermag er auch wieder die verschiedenen Bakteriengene nur zu der niedrigen, für sie typischen, Frequenz zu transduzieren, ohne jeden Zusammenhang mit der ursprünglichen Transduktion. Ein Hft-Lysat kann mit diesen Systemen im allgemeinen nicht erhalten werden.

Allerdings wurden dazu in letzter Zeit einige Ausnahmen beschrieben, welche die scharfen Unterschiede zwischen allgemeiner und spezieller Transduktion verwischen lassen: Entsprechend dem bisher Gesagten sind transduzierende P1-Partikel für *E.-coli*-Zellen völlig defektiv und die transduzierten Zellen folglich weiter für P1 sensibel. Dagegen besitzen Lac$^-$-Zellen von *Shigella dysenteriae* (die keine β-Galaktosidase produzieren können) nach Lac$^+$-Transduktion durch P1 einen in jeweils unterschiedlichem Ausmaße defektiven Prophagen. Dieser enthält die Lac$^+$-Region und ist in den meisten Fällen in der Lage, die transduzierten Zellen gegenüber Superinfektion durch homologe Phagen zu immunisieren. Diese „P1dl-Partikel" (defektiv, Lac-transduzierend) sind außerdem in *Shigella* vermehrungsfähig, allerdings nur in beschränktem Maße: Werden solche Zellen UV-bestrahlt und mit normalen P1 superinfiziert, so erhält man Lysate mit 10^7 normalem P1 und dem verhältnismäßig hohen P1dl-Titer von 10^5/ml.

Konversion

Phagen dienen jedoch nicht nur als Überträger von genetischem Bakterienmaterial: Wir kennen Fälle, in denen die Phagen-DNS selbst den Bakterien neue Eigenschaften verleiht. Diese „Konversion“ unterscheidet sich von der Transduktion dadurch, daß sie alle mit einem bestimmten temperierten Phagentyp infizierten Zellen betrifft und streng an das Vorhandensein von Phagenmaterial gebunden ist und mit ihm wieder verloren werden kann.

In epidemiologischer Hinsicht ist die Tatsache außerordentlich bedeutsam, daß die Fähigkeit von *Coryne*bakterien zur Produktion des Diphtherie-Toxins streng an das Vorhandensein eines Prophagen gebunden ist. Sensible nichttoxische *Corynebacterium-diphtheriae-* und *C.-belfanti*-Stämme beginnen dann Toxin zu produzieren, wenn sie nach Infektion mit temperierten Phagen lysogen werden.

Recht gut sind auch die Verhältnisse bei der Synthese bestimmter somatischer Antigene und Phagenrezeptoren durch *Salmonella*-Stämme untersucht: So besitzt *Salmonella anatum* normalerweise die somatischen Antigene 3 und 10. Wird dieser Keim nun mit dem Phagen ε^{15} infiziert, so beginnt schon innerhalb von fünf Minuten das somatische Antigen 15 aufzutreten (Abb. 39) und innerhalb von zwei Stunden völlig das somatische Antigen 10 zu ersetzen. Gleichzeitig erscheinen Rezeptoren für den Phagen ε^{34} — der nur von Zellen mit dem somatischen Antigen 15 adsorbiert wird — und verschwinden Rezeptoren für C_{341}, der von Phagen mit dem somatischen Antigen 10 adsorbiert wird. In frühen Phasen sind die Zellen für beide Phagen sensibel.

Dabei ist es gleichgültig, ob eine lysogene oder eine lytische Reaktion eingeleitet wird. Diese Tatsache sowie das frühe Auftreten des neuen Antigens beweisen, daß die Phagen-DNS nicht in den Prophagenzustand eingetreten sein muß, um die entsprechende Information zu liefern. Deshalb ist auch durch virulente Mutanten von ε^{15} eine Konversion möglich.

Zur Kontrolle des neuen Antigens sind auch solche Prophagen befähigt, die durch Mutation defektiv geworden sind (Abb. 39). Gehen sie aber durch weitere Mutationsschritte verloren oder werden sie in den ersten Zellteilungen nach der Lysogenisation ausgespalten, so

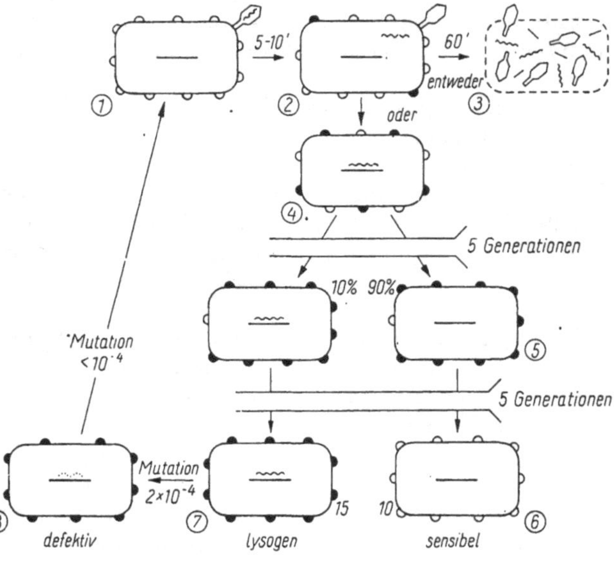

Abb. 39. Konversion von *Salmonella* durch den Phagen ε^{15}. Wenige Minuten nach Infektion (*1*) wird das somatische Antigen 15 (ausgefüllter Halbkreis) nachweisbar (*2*), gleichgültig, ob die Zellen dann lysieren (*3*) oder lysogen werden (*4*). Im Verlauf weiterer Zellteilungen ersetzt das somatische Antigen 15 immer mehr das somatische Antigen 10 und bleibt auch in den Zellen einige Generationen erhalten, die den Prophagen aussegregiert haben (*5*). Bei diesen tritt in der Folge das somatische Antigen 10 wieder auf (*6*), während die stabil Lysogenen nur noch somatisches Antigen 15 besitzen (*7*). Auch wenn der Prophage gelegentlich durch Mutation defektiv wird (*8*), produzieren die Zellen das phagenkontrollierte Antigen, das sie nur bei Verlust des Prophagen verlieren (*1*). (LURIA und UETAKE 1958, verändert)

wird das somatische Antigen 15 allmählich wieder durch das ursprüngliche somatische Antigen 10 ersetzt.

Zur Deutung dieser Befunde nimmt man an, daß die konvertierenden Phagen ähnlich wie λdg und P1dl

Bakterienmaterial aufgenommen und stabil integriert, im Gegensatz zu diesen transduzierenden Partikeln aber keine wesentlichen Anteile des Phagengenoms verloren haben. Diese Deutung wird durch die Tatsache gestützt, daß einige Bakterien — wie *Salmonella hamilton* — das somatische Antigen 15 besitzen, ohne für ε^{15} lysogen zu sein. Hier scheint die entsprechende Information im Bakterienchromosom lokalisiert zu sein, sei es, daß sie nie in ein Phagengenom eingebaut oder daß sie sekundär aus einem Phagengenom übernommen wurde.

Schlußbetrachtung

Am Ende unseres kurzen Überblicks über die genetischen Aspekte der modernen Bakteriophagenforschung soll versucht werden, zusammenfassend einige wesentliche Gesichtspunkte herauszustellen, aus denen die große Bedeutung der von den Phagenforschern und -genetikern erhobenen Befunde für das Gesamtgebiet der Genetik, für Biologie und Biochemie besonders verständlich wird.

So lieferte die Analyse der bei der Phagenvermehrung (S. 12) beteiligten Prozesse eines der entscheidenden Argumente für die heute feststehende Tatsache, daß der DNS eine außerordentlich wichtige, wenn nicht die Hauptrolle bei der Speicherung, Übertragung und Ausprägung von Erbinformationen zukommt. Daß man aber dabei die DNS noch nicht zu isoliert betrachten und immer noch die Möglichkeit erwägen sollte, andere Strukturen könnten die DNS bei diesen Funktionen irgendwie unterstützen, erhellt aus der Tatsache, daß der „Infektion“ einer Bakterienzelle mit isolierter, gereinigter Phagen-DNS noch große Schwierigkeiten im Wege stehen (S. 14). Da andererseits aber gezeigt werden konnte, daß die Nukleinsäuren zahlreicher tierischer und pflanzlicher Viren infektiös sind, könnte es sich hier auch um ein spezielles Phagenproblem handeln.

In diesem Zusammenhang muß daran erinnert werden, daß sehr viele wesentliche Befunde über die Synthese und Replikation der DNS (S. 18, 23) an phageninfizierten Bakterienzellen erhoben wurden, in erster Linie deshalb, weil die 5-HMC-haltige DNS der geradzahligen Phagen unabhängig von der DNS des Bakterienwirtes untersucht werden kann. Dadurch war es auch möglich, in das Problem einzudringen, wie die in der DNS verschlüsselte Information abgelesen und zum Aufbau physiologisch aktiver Proteine verwendet wird: Aus Phagenversuchen stammen sehr viel Belege für unsere heutige Vorstellung von der Reaktionsfolge DNS—RNS—Protein und besonders vom vermutlichen Übertragungsmechanismus der in einer DNS-Sequenz verschlüsselten Information auf eine RNS (S. 19, 112, 128).

Auch für die weitere Analyse der Coding-Probleme werden aus Untersuchungen mit einigen Phagenmutanten (S. 129) in naher Zukunft entscheidende Beiträge zu erwarten sein, nachdem uns das „rII-System“ schon heute ganz neue Erkenntnisse über die Feinstruktur der genetischen Regionen vermittelt (S. 95). So ist ja die Neudefinition des Genes zumindest für den molekularen Bereich ein exklusives Ergebnis der Phagenforschung!

Das gleiche System erlaubte außerdem erstmalig, die Probleme der Mutagenesemechanismen auf einer molekularen Basis zu untersuchen und zu diskutieren, wobei sich einerseits zeigte, daß wenigstens für die Entstehung von Punktmutationen Basenpaar-Austauschvorgänge („Transitionen“ und „Transversionen“) überaus wichtig sein dürften, während andererseits die Wirkungsmechanismen der bekanntesten chemischen Mutagene aufgeklärt werden konnten (S. 76).

Untersuchungen mit temperierten Phagen und ihren Mutanten — vor allem über die bei Lysogenisierung und Induktion beteiligten Prozesse — liefern uns zunehmend Befunde zum Verständnis der zellulären Regulationsmechanismen (S. 30, 52). Derartige Resultate gewinnt man andererseits aus Untersuchungen an Bakterien mit induzierbaren oder repressierbaren Enzymsystemen. Dabei erweist es sich oft als unabdingbar, solche Keime in bestimmten Versuchen zu „kreuzen" — was neben Konjugation und Transformation auch durch Transduktion (S. 116) mittels temperierter Phagen gelingt. Dadurch wird die Untersuchung von Fragen möglich, deren Beantwortung nicht nur weitere Grundgeheimnisse des Lebens entschleiern, sondern auch gewichtige Beiträge zum Verständnis pathologischer Prozesse liefern sollte, vielleicht sogar zur Aufklärung des Mechanismus der Krebsentstehung, wofür vermutlich letztlich auch nur die Störung eines intra- und/oder extrazellulären Regelmechanismus verantwortlich zu machen sein dürfte.

So finden heute die Ergebnisse, die der Phagenforscher mit verhältnismäßig geringem Aufwand an Raum, Zeit und Material erzielen kann, an den Brennpunkten der modernen biologischen Wissenschaft eine außerordentlich fruchtbare Verwertung. Deshalb ist es um so mehr zu bedauern, daß dieses schöne und wichtige Gebiet in unserer Republik noch kaum Interessenten gefunden hat, auch nicht in unseren Instituten. Dem Autor wäre es deshalb die schönste Anerkennung, wenn diese Zeilen einige junge Kollegen für dieses Arbeitsgebiet interessiert und gewonnen hätten!

Nachtrag

Die auf den vorangegangenen Seiten behandelten Probleme sind während der Drucklegung derart intensiv bearbeitet worden, daß sie bald einen ganzen Ergänzungsband füllen würden. Einige wenige der wichtigsten neuen Ergebnisse sollen hier noch kurz skizziert werden, sofern sie nicht schon als Anmerkungen in die einzelnen Kapitel aufgenommen werden konnten.

In der Zwischenzeit wurden zahlreiche neue Phagen isoliert. Einige von ihnen sind den geradzahligen T-Phagen sehr ähnlich und besitzen wie diese 5-Hydroxymethyl-Cytosin. Das Vorkommen dieser Base ist also nicht nur auf die Phagen T2, T4 und T6 beschränkt. Ein anderer Phage, ΦR, besitzt wie ΦX174 und S13 eine einsträngige DNS.

Hinsichtlich der Vermehrung des Phagen ΦX174 konnten interessante Einzelheiten aufgeklärt werden: In den Zellen wird die ΦX-DNS in eine „Replikations-Form" (RF) überführt, deren Eigenschaften für eine doppelsträngige DNS typisch sind. RF und durch Erhitzen aus dieser gewonnene Einstrang-DNS sind für *E. coli*-Protoplasten infektiös (vgl. S. 14), im Gegensatz zu jener Doppelstrang-DNS, die in vitro nach dem Muster einsträngiger ΦX-DNS synthetisiert wird (vgl. S. 18).

Andererseits kann sowohl die normale einsträngige als auch die in vitro synthetisierte doppelsträngige ΦX-DNS einer RNS-Polymerase als Muster dienen, welche die Synthese von RNS mit DNS-äquivalenten Basen-Verhältnissen steuert (vgl. S. 113). Bei dieser RNS-Polymerase handelt es sich vermutlich um das Enzym, das die Synthese der m-RNS katalysiert (vgl. S. 21). Die unter Mitwirkung dieses Enzyms in Gegenwart von ΦX-Einstrang-DNS synthetisierte RNS besitzt Basen-Verhältnisse, die denen der DNS komplementär sind. Verwendet man Doppelstrang-DNS als Matrize, so entsteht RNS mit den gleichen Basen-Verhältnissen, wie sie die DNS-Duplex besitzt.

Damit scheint die Antwort auf die auf S. 113 gestellte Frage gegeben zu sein: Die Information kann von Einzelstrang-DNS auf RNS übertragen werden; handelt es sich aber um Doppelstrang-DNS, so dienen beide Stränge (einzeln oder vereinigt?) als Matrize.

Allerdings stehen diese in vitro gewonnenen Befunde im Widerspruch zu Ergebnissen, die bei der weiteren

Untersuchung der phänotypischen Wirkung von 5-Fluoruracil (FU) erhalten wurden (vgl. S. 115). FU ermöglicht es einigen rII-Mutanten, von *E. coli* K12 (λ) vermehrt zu werden. Da nach Infektion mit geradzahligen T-Phagen die Synthese von löslicher und Ribosomen-RNS gestoppt ist (vgl. S. 21), muß dieser Effekt auf den Einbau von FU in die m-RNS zurückgeführt werden.

Bei der Analyse der Wirkung von FU auf 109 rII-Mutanten ergab sich nun, daß 20 von ihnen in FU-Gegenwart von *E. coli* K12 (λ)-Zellen produziert werden. 17 dieser 20 Mutanten sind ausschließlich durch AP revertierbar, dürften also an Stelle eines G=C-Paares ein A=T-Paar besitzen (vgl. S. 84). Der FU-Effekt kann nun so gedeutet werden: Beim Wildtyp-Phagen veranlaßt Guanin, daß in der m-RNS Cytosin eingebaut wird. Dieses kann sich mit Guanin der löslichen RNS paaren (vgl. Abb. 6), und das bewirkt die Inkorporation der Aminosäure X. Bei der Mutante ist das C=G-Paar durch ein T=A-Paar ersetzt: An Stelle von Cytosin wird Uracil in die m-RNS eingebaut, dieses paart sich mit Adenin und die Folge ist der Einbau der Aminosäure Y. Wird statt des Uracil aber 5-Fluoruracil in die m-RNS eingebaut, so resultiert gelegentlich wieder die Inkorporation der Wildtyp-Aminosäure X, da FU (wie die Basenanaloga BU und AP) Replikationsfehler machen und sich dann mit Guanin paaren kann. Die Folge ist eine phänotypische Reversion, da die genetische Information durch den FU-Einbau natürlich nicht verändert wird.

Einige neuere Befunde sprechen dafür, daß bei der Mutagenese durch alkylierende Substanzen auch andere Mechanismen möglich sein könnten, als auf S. 88 beschrieben wurde. So könnte die Abspaltung des alkylierten Guanins einen Bruch des Zucker-Phosphat-Rückgrates zur Folge haben und dadurch Deletionen verursachen. Außerdem wurden Hinweise dafür erhalten, daß sich das 7-Alkyl-Guanin infolge seiner erhöhten sauren Ionisierung mit Cytosin paaren, daß also eine Transition die Folge sein kann (wenn das alkylierte Purin nicht abgespalten wird). Dieser Fakt gibt zu Überlegungen Anlaß, wonach sich auch 5-Bromuracil nur deshalb häufiger als Thymin mit Guanin paart, weil es öfter als Thymin in ionisierter Form vorliegen kann.

Akridine (vgl. S 86) scheinen tatsächlich dadurch mutagen zu wirken, daß sie Basen-Verlust oder -Zusatz verursachen. Dies läßt sich aus den Tatsachen schließen, daß

- Akridin-induzierte rII-Mutanten kaum leaky (vgl. S. 96) sind (im Gegensatz zu etwa 50% der durch Basen-Analoge induzierten);
- Akridin-induzierte Mutationen des Lysozym-Genes — wieder im Gegensatz zu solchen, die durch Basen-Analoge induziert wurden — zu einem völligen Funktionsverlust dieses Genes führen;
- Akridin-induzierte Mutationen nicht durch echte Rückmutationen revertiert werden, sondern daß unter der erneuten Einwirkung von Akridinen ein zweites Mutationsereignis in der Nähe des ersten stattfindet. (Die Reversionen von zahlreichen Mutationen, welche mit Basenanalogen, Hydroxylamin und Äthyläthansulfonat erzeugt worden waren, sind dagegen auf echte Rückmutationen zurückzuführen.)

Derartige Akridin-induzierte Mutationen erlaubten unterdessen auch weitere Einblicke in die Natur des genetischen Codes. Willkürlich sei eine Akridin-induzierte Mutation mit einem „+“ (weil sie auf dem Zusatz einer Base beruhen könnte) und die entsprechende Reversion mit „—“ bezeichnet (weil sie dann auf einem in der Nähe stattfindenden Basen-Verlust beruhen würde, wodurch die Basensequenz auf weiten Strecken wieder normalisiert werden kann). Eine erneute Reversion (wieder zum rII-Phänotyp) wird wieder mit „+“, deren Reversion wieder mit „—“ bezeichnet usw. usf.

Erwartungsgemäß entstehen dann durch Rekombination einer beliebigen „+“-Mutante mit einer „—“-Mutante Wildtyp-Partikel (außer bei begründeten Ausnahmen, die hier nicht näher diskutiert werden sollen), während die Kombination zweier „+“ oder „—“-Mutanten wieder zu einem rII-Phänotyp führt: zwei fehlende bzw. zwei zusätzliche Basen verändern die gesamte Basensequenz. Dagegen erhält man aber Wildtyp-Phagen, wenn man jeweils drei „+“- oder „—“-Mutanten kombiniert: Zusatz oder Verlust von drei Basen normalisiert die restliche Basensequenz wieder. Damit ist glänzend bewiesen, daß die Coding-Ratio tatsächlich 3 oder, wenn auch weniger wahrscheinlich, ein Vielfaches von 3 ist. (Zusatz oder Deletion eines Tripletts dürfte Zusatz oder Verlust einer Aminosäure im entsprechenden Protein zur Folge haben.)

Gleichzeitig konnte mit diesem System nachgewiesen werden, daß die Basen-Sequenz der einzelnen Gene jeweils von einem bestimmten Startpunkt an abgelesen wird, wo die Folge von Basen-Tripletts beginnt. Ein derartiger Startpunkt liegt auch — gleichzeitig als „Schranke“ dienend — zwischen den beiden Cistren der rII-Region (vgl. S. 97): Geht der Startpunkt durch eine Deletion verloren, die angrenzende Teile beider Cistren umfaßt, aber die Funktion des Cistrons B nicht beeinträchtigt, so vermag nunmehr eine durch Akridin im unversehrten Teil des Cistrons A induzierte Mutation auch die Funktion des Cistrons B aufzuheben, da offenbar die Informationen beider Cistren ohne Übergang zusammen abgelesen werden.

Weitere Hinweise auf das Vorliegen eines Triplett-Codes ergaben sich aus Versuchen, bei denen in vitro untersucht wurde, wie die Proteinsynthese (Einbau markierter Aminosäuren) in einem zellfreien *E. coli*-System (Überstand, Ribosomen, lösliche RNS) durch synthetische Polyribonukleotide stimuliert wird. Das wichtigste Ergebnis dieser Versuche ist die zumindest teilweise Entschlüsselung des genetischen Codes: Polyuridylsäure (PolyU) veranlaßt den Einbau von Phenylalanin, die entsprechende Coding-Einheit besteht also nur aus — vermutlich drei — U. PolyUC stimuliert die Inkorporation von Phenylalanin, Serin, Leucin, Prolin und Threonin. Durch Variation des U:C-Verhältnisses kann nachgewiesen werden, daß Leucin und Serin durch 2U1C (oder, was in diesen Versuchen natürlich nicht auszuschließen ist, ein Vielfaches von diesen), Prolin und Threonin durch 1U2C determiniert werden. Auf die Reihenfolge der Nukleotide innerhalb der Tripletts kann aus diesen Versuchen natürlich nicht geschlossen werden.

Mit diesem System konnte der Einbau sämtlicher 20 Aminosäuren verfolgt, für alle Aminosäuren also mindestens eine Coding-Einheit ermittelt werden. Bemerkenswert ist dabei die Tatsache, daß der Code zumindest teilweise degeneriert ist (vgl. S. 111): Der Einbau mancher Aminosäuren wird durch unterschiedlich zusammengesetzte Polynukleotide gesteuert, der von Leucin z. B. durch 2U1G und durch 2U1C; der von Threonin durch 1U2C und durch 1U1A1C. Außerdem dürfte es hinsichtlich der Protein-Synthese auch sinnlose Basen-Sequenzen geben, da PolyA und PolyAG den Einbau keiner der 20 Aminosäuren steuern.

Ferner konnte der Nachweis geführt werden, daß die minimale Coding-Ratio = 3 ist, da zur Determinierung zahlreicher Aminosäuren drei verschiedene Nukleotide (1U1C1G für Alanin, 1U1A1C für Methionin usw.) notwendig sind.

Die Bedeutung dieser Ergebnisse erhellt noch mehr aus der Tatsache, daß sie völlig mit den Befunden übereinstimmen, die durch Analyse der Aminosäure-Austausche im Hüllprotein von Tabak-Mosaik-Virus-Mutanten gewonnen wurden. So ist bei Nitrit-induzierten TMV-Mutanten häufig ein Serin durch ein Phenylalanin ersetzt. Das dürfte auf der Desaminierung eines C beruhen und entspricht ganz den obigen Befunden (UUC $\rightarrow$ UUU).

In diesem Zusammenhang ist auch die Tatsache interessant, daß bei zwei verschiedenen *E. coli*-Mutanten mit veränderter Tryptophan-Synthetase die gleiche Aminosäure gegen eine andere ausgetauscht ist (Glycin gegen Arginin), obwohl sich beide — zwar dicht benachbarten — Mutationsorte im Rekombinationsversuch voneinander trennen lassen. In diesem Fall dürften also verschiedene Nukleotide einer einzigen Coding-Einheit betroffen sein. Auch das zeigt an, daß die untere Grenze eines Recons (vgl. S. 102) höchstens zwei Nukleotide umfassen darf.

Literatur

Die hier behandelten Probleme werden ausführlich in folgenden Übersichten behandelt:

ADAMS, M. H. (1959): Bakteriophages. Interscience Publishers Inc., New York.

HERČIK, F. (1959): Biophysik der Bakteriophagen. VEB Deutscher Verlag der Wissenschaften, Berlin.

BURNET, F. M., W. M. STANLEY (Hrsg.) (1959): The Viruses, Vol. I/II. Academic Press, New York—London.

ANFINSEN, C. B. (1959): The Molecular Basis of Evolution. John Wiley & Sons, Inc., New York.

Dort finden sich auch Hinweise auf die Spezial-Literatur.

Die bis 1956 erschienene Literatur über Bakteriophagen ist zusammengestellt in:

RAETTIG, H. J. (1959): Bakteriophagie 1817—1956 Teil I und II. Gustav Fischer Verlag, Stuttgart.

Zusammenfassende Darstellungen finden sich u. a. regelmäßig in den jährlich erscheinenden

Advances in Virus Research. Academic Press, New York.

Annual Review of Microbiology. Annual Rev., Inc., Stanford, Calif.

Fortschritte der Botanik. Springer-Verlag, Berlin—Heidelberg—Göttingen.

Quellen der Abbildungen

BURNET & STANLEY (Edts.): „The Viruses“ Vol. II, Academic Press, New York—London 1959; (2, 21 C)

ANFINSEN: „The Molecular Basis of Evolution“, J. Wiley & Sons, Inc., New York 1959; (3, 4)

Angewandte Chemie 1960, Bd. 72; (5)

HERČIK: „Biophysik der Bakteriophagen“, VEB Deutscher Verlag der Wissenschaften, Berlin 1959; (1, 8, 9)

The Harvey Lectures 1958—1959, Academic Press, New York—London 1960; (14)
Proceedings of the Royal Society, Ser. B, Vol. 154, 1961; (7, 10, 11, 18)
Cold Spring Harbor Symposia on Quantitative Biology Vol. 18, 1953; (12, 13)
McElroy & Glass (Edts.): „Symposium on the Chemical Basis of Heredity", Johns Hopkins Press, Baltimore 1957; (15, 19, 21 A, 21 B, 31, 37, 38)
Tuneval (Edt.): „Recent Progress in Microbiology", Almquist & Wiksell, Stockholm 1959; (16, 17)
Angewandte Chemie Bd. 73, 1961; (29)
Proceedings of the National Academy of Sciences Vol. 47, 1961; (32, 33, 34)
Annales of the New York Academy of Sciences Vol. 71, 1958; (39)
Advances in Virus Research Vol. 8, 1962; (2)

Sachregister

ERWIN-BAUR-GEDÄCHTNISVORLESUNGEN

Die „Erwin-Baur-Gedächtnisvorlesungen", die am Institut für Kulturpflanzenforschung Gatersleben der Deutschen Akademie der Wissenschaften zu Berlin ab 1959 in Abständen von 2—3 Jahren durchgeführt werden, dienen dem Zweck, einen Überblick über die einzelnen Teilgebiete der modernen Genetik zu geben. Führende Wissenschaftler berichten über die aktuellsten Probleme der genetischen Forschung.

CHEMISCHE MUTAGENESE

Herausgegeben von Hans Stubbe

(Abhandlungen der Deutschen Akademie der Wissenschaften zu Berlin, Klasse für Medizin, Jahrgang 1960, Nr. 1)

1960. 136 Seiten — 44 Abbildungen, davon 8 auf 3 Kunstdrucktafeln — 15 Tabellen — 1 Titelbild — 4° — 18,50 DM

STRAHLENINDUZIERTE MUTAGENESE

(Radiation enduced Mutagenesis)
Herausgegeben von Hans Stubbe

(Abhandlungen der Deutschen Akademie der Wissenschaften zu Berlin, Klasse für Medizin, Jahrgang 1962, Nr. 1)

1962. VI, 234 Seiten — 91 Abbildungen — 29 Tabellen — gr. 8° — 45,— DM

Bestellungen durch eine Buchhandlung erbeten

AKADEMIE-VERLAG · BERLIN

Mit Hilfe der Bakteriophagen können

- **grundlegende Aussagen über die Vererbungsvorgänge, über die Natur des Erbmaterials und über die genetische Steuerung von Stoffwechselprozessen gemacht werden**

zahlreiche Hinweise zur Lösung grundlegender biologischer Probleme gegeben werden

- **Erkenntnisse gewonnen werden über die Feinstruktur der Erbfaktoren, über die bei der experimentellen Erzeugung von Erbänderungen**
- **(Mutationen) beteiligten Prozesse und über die „Verschlüsselung" von Erbinformationen**

WISSENSCHAFTLICHE TASCHENBÜCHER